华 章 图 书

一本打开的书，一扇开启的门，
通向科学殿堂的阶梯，托起一流人才的基石。

www.hzbook.com

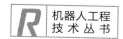

DEVELOPMENT AND
APPLICATION OF
INTELLIGENT ROBOT

智能机器人
开发与实践

段峰 主编

韩书宁 谭莹 金天磊 参编
张丽娜 张明昕

机械工业出版社
China Machine Press

图书在版编目（CIP）数据

智能机器人开发与实践 / 段峰主编 . -- 北京：机械工业出版社，2021.4（2022.1 重印）
（机器人工程技术丛书）
ISBN 978-7-111-67997-4

I. ①智…　II. ① 段…　III. ① 智能机器人　IV. ① TP242.6

中国版本图书馆 CIP 数据核字（2021）第 066210 号

本书面向初学者，采用循序渐进、层层递进的方式介绍智能机器人的关键技术和开发方法。全书包括三部分，第一部分介绍机器人的基础知识，包括机器人的定义、发展、组成和关键技术；第二部分涵盖机器人的软硬件组成、视觉功能实现、自主导航功能实现、语音交互功能实现、抓取功能实现等内容；第三部分结合不同的应用场景给出综合案例，展示如何开发具有不同功能的机器人。

本书理论联系实际，应用性强，适合作为高校计算机、机器人等专业相关课程的教材或参考书，也适合对智能机器人开发有兴趣的读者阅读。

出版发行：机械工业出版社（北京市西城区百万庄大街 22 号　邮政编码：100037）

责任编辑：朱　劼		责任校对：殷　虹	
印　　刷：北京兆成印刷有限责任公司		版　　次：2022 年 1 月第 1 版第 2 次印刷	
开　　本：185mm×260mm　1/16		印　　张：15	
书　　号：ISBN 978-7-111-67997-4		定　　价：69.00 元	

客服电话：（010）88361066　88379833　68326294　　　投稿热线：（010）88379604
华章网站：www.hzbook.com　　　　　　　　　　　　　读者信箱：hzjsj@hzbook.com

前　言

自从 20 世纪中期开展现代机器人的研究以来，机器人技术发展迅速。现在，机器人已经融入我们的工作和日常生活中。随着计算机、互联网、人工智能技术的发展，机器人的种类日益增多，功能不断增强，使用体验不断改善。

与此同时，机器人的研发也不断取得新的进展。特别是，机器人操作系统（ROS）对智能机器人产业的发展具有非常重要的战略意义。机器人操作系统可以为机器人开发提供一个统一的平台，让更多的用户在此平台上方便地研究和验证机器人算法、开发机器人应用等，极大地促进了机器人技术的发展。2010 年，Willow Garage 公司发布了开源机器人操作系统 ROS（Robot Operating System）。与其说 ROS 是一个操作系统，不如说它是一种分布式、模块化的开源软件框架。由于具有点对点设计、不依赖编程语言、开源等优点，ROS 成为机器人研究领域新的学习和使用热点。

作者所在的南开大学人工智能学院智能感知与人机交互实验室致力于智能机器人的研究工作，本书是基于我们长期使用 ROS 开发机器人的经验编写而成的，希望给有兴趣学习智能机器人技术的高校学生和从事智能机器人开发工作的技术人员提供一本有用的参考书。

本书分为三个部分：第一部分主要介绍机器人的基础知识，包括机器人的定义、发展历史、关键技术、ROS 的框架和使用等内容；第二部分从机器人软硬件组成、视觉功能实现、自主导航功能实现、语音交互功能实现、抓取功能实现等方面介绍如何开发一个功能相对完整的机器人；第三部分结合不同的应用场景给出综合案例，展示如何开发具有不同功能的机器人。

本书中的案例以作者团队参加 RoboCup 机器人世界公开赛并夺冠的机器人程序为蓝本，初学者跟随本书的讲解，并结合本书配套的实践资源（可登录华章网站 www.hzbook.com 下载）进行练习，既可以掌握机器人开发涉及的软件框架的先进理念，又能循序渐进地开发出具有完整功能的智能机器人。

由于作者水平有限，书中难免存在不足之处，恳请广大读者和同行批评指正。

CONTENTS

目　录

第三部分 机器人的应用

第一部分

基 础 知 识

本书的第一部分将介绍机器人的基础知识，包括以下四章：

❑ **第 1 章 机器人概述**。对机器人的基本概念进行介绍，包括机器人的定义、分类、发展历程、组成部分、关键技术、发展趋势等。通过本章的学习，读者可以对当前的机器人（尤其是服务机器人）有比较清晰的认识与了解。

❑ **第 2 章 ROS 入门**。首先对为什么使用 ROS、机器人操作系统与计算机操作系统的区别、ROS 的主要特点进行介绍；接下来介绍 ROS 的安装，包括 ROS 的版本以及 ROS Indigo 与 Melodic 两个版本的安装及卸载。本书涉及的工程主要是在 ROS Indigo 上运行，一部分程序也在 ROS 的最新版本 Melodic 上进行了测试。最后给出 ROS 学习相关的网络资源。

❑ **第 3 章 ROS 框架和使用基础**。ROS 框架部分包括文件系统级别、计算图级别和社区级别；ROS 使用基础部分包括 catkin 简介、工作空间及其创建、创建编译工程包、创建编译运行 ROS 节点、roslaunch 的使用、创建 ROS 消息和服务、如何使用 C++ 或 Python 编写测试消息发布器和订阅器、如何使用 C++ 或 Python 编写测试 Server 和 Client 等。

❑ **第 4 章 ROS 的调试**。ROS 提供了大量的命令和工具帮助开发人员调试代码，以便解决各种软硬件问题。本章主要介绍 ROS 调试常用的命令、工具，并总结 ROS 的基本命令。掌握这些命令与工具对于开发人员解决机器人调试过程中遇见的问题大有帮助。

## 第 1 章

机器人概述

本章对机器人的基本概念进行介绍，包括机器人的定义、分类、发展历程、组成部分、关键技术、发展趋势等。通过本章的学习，读者可以对机器人（尤其是服务机器人）有清晰的认识与了解。

1.1 机器人的定义和分类

1.1.1 机器人的定义

现代机器人的研究是从 20 世纪中期开始的，计算机和自动化的发展以及原子能的开发利用为现代机器人的研究提供了技术基础。20 世纪 80 年代中期以来，机器人已经从工厂进入人们的日常生活，支持人们日常生活的服务机器人成为机器人发展的重要方向。近年来，随着互联网技术、信息技术、人工智能技术的快速发展，服务机器人的使用体验进一步增强。通过自动定位导航、语音交互、人脸识别等智能技术与机器人技术深度融合，人们开发出各种新型智能服务机器人，使机器人行业迎来了快速发展的新机遇。

根据预期的应用场景，可以将机器人分为工业机器人和服务机器人两类。目前，国际上没有普遍认同的机器人、服务机器人等的定义。维基百科采用了《牛津英语词典（2016 版）》对机器人的定义：

机器人（robot）是一种可进行计算机编程且能够自动执行一系列复杂动作的机器。机器人可由外部控制设备或者嵌入其内的控制器来控制。机器人可以构造成人形，但大多数机器人都是用来完成任务而不考虑其外形的机器。

对于服务机器人，维基百科采用了国际机器人联合会（International Federation of Robotics，IFR）提出的定义：

服务机器人（service robot）是一种可以半自动或完全自主地执行对人类和设备有益的服务的机器人，但不包括工业制造操作。

关于机器人、服务机器人，国际标准化组织（International Organization for Standardization，ISO）也给出了定义。ISO-8373-2012 对机器人、服务机器人的定

义如下：

机器人是一种对两个或两个以上的轴可编程的具有一定程度的自治的驱动装置，能够在其环境中移动以执行预定任务。在这里，"自治"表示无须人工干预，基于当前状态和传感执行预定任务的能力。"一定程度的自治"包含从局部自治（包括人机交互）到完全自治（无人机操作干预）。

服务机器人是执行对人类或设备有用的任务的机器人，不包括工业自动化应用。

1.1.2　服务机器人的分类

国际机器人联盟（IFR）按照应用领域对服务机器人进行分类，认为服务机器人应分为**个人 / 家庭服务机器人**（Personal / Domestic Service Robot）和**专业服务机器人**（Professional Service Robot）两类。ISO-8373-2012 对这两类机器人分别给出了说明：

个人服务机器人是一种用于非商业性任务的服务机器人，通常适用于非专业人士。

专业服务机器人是用于商业任务的服务机器人，通常由受过正规训练的操作员操作。在这里，操作员是选定的可以启动、监视和停止机器人或机器人系统预定操作的人。

个人 / 家庭服务机器人可分为家政服务机器人、助老助残机器人、教育娱乐机器人、私人自动导航车、家庭安全监视机器人等；专业服务机器人可分为场地机器人、专业清洁机器人、医疗机器人、检查维护机器人、建筑机器人、物流机器人、救援和安防机器人、国防机器人、水下作业机器人、动力人体外骨骼、常用无人机、常用移动平台等。

1.2　现代机器人的发展历程

现代机器人的研究是从 20 世纪中期开始的，半个多世纪以来，机器人技术一直是一个快速发展的领域。本节将按照时间顺序介绍不同时期机器人发展的成果。

1.2.1　现代机器人研究初期

早期的机器人主要是可编程机器人，这类机器人可以根据操作员所编写的程序，完成一些简单的重复性动作。

1948 ～ 1949 年，英格兰博登神经学学院（Burden Neurological Institute）的 William Grey Walter 设计出**第一台可以执行复杂动作的电子自动机器人** Machina Speculatrix。这款机器人因其缓慢的移动速度而被昵称为"乌龟"。它是三个轮子分别由独立直流供电的移动机器人，有一个光传感器、触觉传感器、推进电机、转向马达和两个真空管模拟计算机。这款机器人具有趋光性，能够找到充电桩充电。

沃尔特将最初的两个机器人命名为 Elmer 和 Elsie，图 1-1 所示为没有外壳的 Elsie。

1954 年，美国的 George Devol 制造出**第一台数字操作可编程的机器人**并将其命名为 Unimate，从而奠定了现代机器人产业的基础。1960 年，德沃尔将第一台 Unimate 出售给通用汽车公司，用于从压铸机上举起热的金属件并将这些金属件堆叠起来。

1962 ~ 1963 年，传感器技术的发展提高了机器人的可操作性。人们开始尝试在机器人上安装各种类型的传感器。比如，1961 年，恩斯特在机器人上采用触觉

图 1-1　没有外壳的 Elsie

传感器；1962 年，托莫维奇和博尼在世界上最早的"灵巧手"上安装了压力传感器；1963 年，麦卡锡在机器人中加入视觉传感系统，并在 1964 年帮助麻省理工学院（MIT）推出了**世界上第一个带有视觉传感器、能识别和定位积木的机器人系统** System/360。

1968 年，Marvin Minsky 制造了由计算机控制的靠水力驱动的 12 关节的触手臂（Tentacle Arm）；1969 年，机械工程专业的学生 Victor Scheinman 发明了斯坦福机械手臂，这被公认为**第一台电子计算机控制的机器人手臂**（机械臂的控制指令存储在磁鼓上）。

从 1966 年到 1972 年，美国斯坦福研究所（现在的 RSI 国际）的人工智能中心对被称为 Shakey 的移动机器人系统进行了研究。1969 年，RSI 公布了 Shakey 的"机器人学习和规划实验"视频。该系统具有有限的感知和环境建模能力，有多个传感器输入，包括摄像头、激光测距仪、碰撞传感器。Shakey 带有视觉传感器，能根据人的指令发现并抓取积木，可以执行规划、寻路和简单对象重排等任务。不过，控制它的计算机有一个房间那么大。Shakey 算是**世界上第一台智能机器人**，拉开了智能机器人研究的序幕。

1.2.2　20 世纪 70 年代

20 世纪 70 年代，机器人逐渐走向工业应用，并且机器人的感知、自适应能力逐渐增强。

1970 年，日本早稻田大学理工学部发起了 WABOT 项目。1973 年完成的 WABOT-1（如图 1-2 所示）是世界上**第一个仿人型智能机器人**，包括手足系统、视觉系统、声音系统。它可以通过人工的口腔与人类进行简单的日语交流，通过作为远程接收器的人工眼睛和耳朵测量物体的距离和方向，通过两只脚实现步行移动，

通过具有触觉传感器的双手抓取移动物体。

1973 年，德国 KUKA 公司研制出第一台通过电机驱动的 6 轴工业机器人 FAMULUS。

同年，美国 Cincinnati Milacron 公司推出了 T3 机器人，这是第一个由小型计算机控制的商业可用工业机器人。

1975 年，美国的 Victor Scheinman 开发出可编程通用操作臂（PUMA）。1977 年，Scheinman 将他的设计出售给 Unimation 公司。Unimation 对 PUMA 进行进一步开发，后来 PUMA 被广泛应用于工业生产中。

1979 年，斯坦福车（如图 1-3 所示）成功地穿过了一个满是椅子的房间。它主要依靠立体视觉来导航和确定距离。

图 1-2　WABOT-1

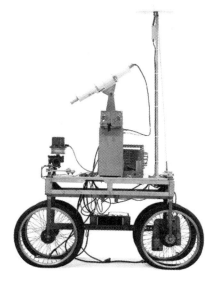

图 1-3　斯坦福车

1.2.3　20 世纪 80 年代

20 世纪 80 年代，工业机器人得到广泛的应用，支持人们日常生活的服务机器人开始走向公众视野。

1981 年，日本的 Takeo Kanade 开发出第一个"直接驱动（Direct-Drive, DD）臂"，其手臂的驱动包含在机器人中，消除了长距离传动。这个直接驱动臂是当今工业中使用的 DD 臂的原型。安装在关节内的电动机去除了对早期机器人使用的链条或腱的需要，因为减少了摩擦力和反冲，DD 臂的操作快速而准确。

1982 年，美国 Heathkit 公司发布了教育机器人 HERO（Heathkit Educational RObot）。HERO-1（如图 1-4 所示）是由摩托罗拉 6808 CPU 和 4KB RAM 的车载计算机控制的独立的移动机器人。该机器人具有光、声音和运动探测器以及声呐测距传感器，可以通过声呐导航实现在走廊移动、玩游戏、唱歌，甚至充当闹钟，可以通过声音来寻找人类并保持跟随状态。

1982 年，美国 RB 机器人公司的创始人 Joseph Bosworth 发布了 RB5X（如图 1-5 所示）。RB5X 机器人是第一个大规模生产的用于家庭、实验和教育的可编程机器人。RB5X 包含红外传感、超声波声呐、远程音频 / 视频传输、8 个传感器 / 缓冲器、语音合成器和 5 轴电枢等部件。RB5X 可以玩多达 8 人的互动游戏。其程序可以从计算机上编写和下载。

图 1-4　HERO-1

图 1-5　Joseph Bosworth 和 RB5X

1984 年，WABOT-2（如图 1-6 所示）发布，WABB-2 不是 WABB-1 那样的通用型机器人，而是在人类的日常工作中追求巧妙的艺术活动的机器人。WABOT-2 可以用日语与人进行自然的对话、用眼睛识别乐谱、用双手双脚演奏电子琴，甚至可以演奏中级难度的曲子。它还能够识别人的歌声，进行自动采谱，从而配合人类的歌声来伴奏。这意味着机器人拥有了适应人类的能力，向个人机器人方向迈进了一大步。

1988 年，美国的 Gay Engelberger 推出了第一台为医院和疗养院设计的助力服务机器人 HelpMate。它包括 HelpMID 和 HelpMead 两个产品。HelpMID 是一种自主机器人，它利用视觉、超声波和红外来感知环境，可以沿着走廊导航和避障。HelpMead 可以在医院中导航，跟踪存储在其内存中的地图，携

图 1-6　WABOT-2

带医疗用品、晚餐盘、记录和实验室样本，并将它们送到护理病房或其他部门。

1989 年，日本交通部机器人实验室开发了一种水下步行机器人 Aquarobot（如图 1-7 所示）。该机器人是六足铰接式"昆虫型"步行全自动智能机器人，工作深度可达 50m。Aquarobot 有一个超声波转换系统，这是一个长基线型导航设备。在

操作端有一个带有超声波测距装置的水下电视摄像机。该机器人有两个主要功能：一个功能是通过步行时腿的运动来测量防波堤岩石地基的平整度；另一个功能是利用摄像机对水下结构进行观测。

图 1-7　水下步行机器人 Aquarobot

1.2.4　20 世纪 90 年代

20 世纪 90 年代，机器人发展更加迅速，尤其是服务机器人出现迅猛发展的势头。

1990 年，美国 iRobot 公司由 Rodney Brooks、Colin Angle 和 Helen Greiner 创立，主要生产家用和军事机器人。

1996 年，麻省理工学院的 David Barrett 发明了仿生机器人 RoboTuna，用于研究鱼类如何在水中游泳。

同年，本田公司推出了一款双手双足人型机器人 P2（如图 1-8 所示）。P2 机器人高 182cm、宽 60cm、体重 210kg，是世界上第一个能够自我控制并依靠两条腿走路的机器人。

1997 年，本田公司又开发出了仿人机器人 P3（如图 1-9 所示）。P3 是本田公司开发的第一款完全自主行动的仿人机器人。

图 1-8　P2

图 1-9　P3

1998 年，世界上第一个仿生手臂（如图 1-10 所示）在英国公主玛格丽特玫瑰医院与 Campbell Aird 匹配成功。这个手臂是第一个由电子微传感器控制的有动力的肩膀、肘部、手腕和手指构成的机械臂。

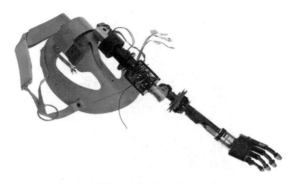

图 1-10　仿生手臂

1998 年，日本东京大学与日本产业技术综合研究所开发了 HRP-2 机器人（如图 1-11 所示）并在东京大学内进行了一场"生活秀"展示，机器人可以完成将人喝完的茶杯拿走、将瓶装茶水倒入水杯中、清洗水杯等工作。

图 1-11　东京大学的家政服务机器人

1999 年，索尼推出了一款名为 AIBO 的机器狗（如图 1-12 所示）。AIBO 机器狗的胸部装有距离传感器，增加了关节灵活度，能够进行侧向移动；通过在头部增加的 28 个 LED，AIBO 机器狗可以表现其感情变化。该机器狗还强化了声音处理器能力，能够准确录音和分辨外界的声响、理解主人的口令等。AIBOERS-7 使用了 576MHz 的 64 位处理器，具有 64MB SDRAM 内存，用 35 万像素 CMOS 摄像机作为"眼睛"，而且带有红外线距离传感器、记忆加速感应器、振动感应器、静电感应器等众多的感知"器官"。另外，它还增加了无线通信能力，支持无线 LAN（IEEE 802.11b/Wi-Fi 标准）。

1999 年，Personal Robots 发布了 Cye 机器人（如图 1-13 所示），这是第一个实用的家用机器人。它可以找到充电器并与之对接，可以把东西从一个房间运送到另一个房间，并有吸尘器的功能。

图 1-12　索尼公司的 AIBO 机器狗

图 1-13　Cye 机器人基本单元和真空吸尘器

1.2.5　21 世纪

进入 21 世纪，互联网技术、信息技术、人工智能技术迅猛发展，机器人的智能化水平迅速提高，智能机器人技术出现了一系列突破，服务机器人逐渐走向千家万户。

2000 年，本田公司展示了其在仿人项目上最先进的成果。这款机器人名为阿西莫。阿西莫可以跑、走、与人交流，能够识别面孔、环境、声音和姿势，并与环境互动。本田公司还推出了双足机器人 ASIMO。ASIMO 身高为 130cm，体重 54kg，它步行时速可以达到 3km，与人类几乎一样。它还能以 6km 的时速跑步前进，并以 5km 的时速，以 2.5m 为半径进行回旋跑动。ASIMO 具有初步人工智能，可以按预先设定做出动作，还能对人的声音、手势等做出相应的反馈，并具备基本的记忆与辨识能力。

同年，索尼公司发布了一种小型双足娱乐机器人 SDR-3X（索尼梦想机器人），它具有良好的运动性能。

2001 年，Canadarm2 机械臂被发射入轨道并连接到国际空间站。与之前随航天飞机升空执行任务的小机械臂相比，这台由加拿大研制，并由美国"奋进"号航天飞机携带升空的机械臂更长，也更结实、更灵活。

同年，"全球鹰"无人机第一次在太平洋上空实现了从美国加利福尼亚南部的爱德华兹空军基地到澳大利亚南部的爱丁堡空军基地的自主直飞飞行。

2002 年，美国 iRobot 公司推出了第一代室内地毯和地板清洁机器人 Roomba（如图 1-14 所示），它能自动规划路线、避障，还能在电量不足时自动回到充电座充电。Roomba 是目前世界上销量最大、商业化程度最高的家用机器人。

图 1-14　美国 iRobot 公司的清洁机器人 Roomba

同年，美国 InTouch Health 公司创立，该公司专注于机器人技术和互联网的结合。它推出的远程医疗机器人（如图 1-15 所示）具有实时双向的视频和语音传送系统和行走系统，方便医生与患者远程沟通。具有各种检测装置的机器人保安也受到美国军方后勤部门和各大公司的欢迎。

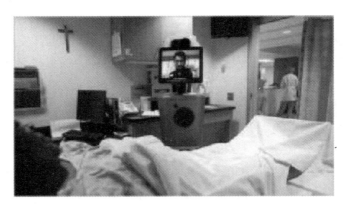

图 1-15　美国 InTouch Health 公司的远程医疗机器人

2003 年，美国国家航空航天局向火星发射了双胞胎机器人火星探测漫游者，寻找关于火星上水的历史的答案。

2004 年，美国康奈尔大学研究出一种能够自我复制的机器人（如图 1-16 所示），这是一套能够附着和拆卸的立方体，也是第一个能够自己制造副本的机器人。

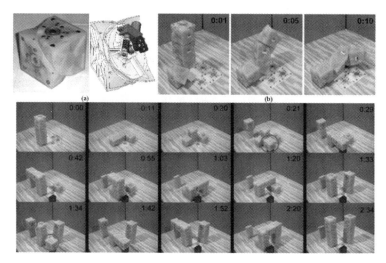

图 1-16　康奈尔大学的可复制机器人

2004 年，日本产业技术综合研究所（AIST）开发的具有高级智能系统的海豹型宠物机器人 Paro（如图 1-17 所示）上市。它对人的动作反应极其灵敏，根据人的不同表现，它会做出喜悦、愤怒等不同反应。Paro 最主要的特点是可以对人的触摸产生交互的反应，达到安慰人的目的，进而起到治疗的作用。在它的陪伴下，患病的儿童和孤独的老人都会获得许多快乐。因此，它被吉尼斯世界纪录称为"世界上最具治疗功效的机器人"。

图 1-17　日本的海豹型宠物机器人 Paro

2004 年，韩国推出 irobi 家庭机器人（如图 1-18 所示）。它具有家庭安防功能，当家里无人时，它可以帮助确认大门是否上锁以及煤气是否关闭。如果有人闯进家里，它还可以将入侵者拍摄下来，通过电子邮件把照片发给主人。另外，irobi 还可以念韩文和英文书，可以演唱童谣以及讲童话故事，从而成为儿童教育的新伙伴。

2006 年，美国康奈尔大学展示了它研发的"海星"机器人（如图 1-19 所示），这是一种四足机器人，能够自我建模，并能够在自身受损后恢复行走能力。

图 1-18 irobi 机器人

2007 年，TIPS 推出了娱乐机器人爱索宝（i-sobot），这是当时世界上最小的双足步行机器人，它可以像人一样走路，在特殊动作模式下完成踢球和拳击动作，还可以玩一些有趣的游戏、完成一些有难度的特殊动作。

同年，日本早稻田大学的研究人员展示了专门为老年人、残障人提供服务的新型仿人机器人 Twendy-One（如图 1-20 所示）。该机器人能将一名男子抱下床，跟他聊天，为他准备早餐。它还能够用夹子从面包机中取出面包，而且一点不会弄碎，然后将面包和一瓶从冰箱中取出来的番茄酱一起放在托盘中，并递给这名男子。更神奇的是，Twendy-One 可以很轻松地用手指抓起一根吸管。

图 1-19 康奈尔大学的"海星"机器人

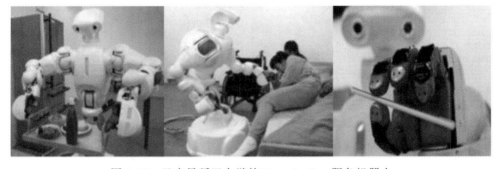

图 1-20 日本早稻田大学的 Twendy-One 服务机器人

2010 年，美国 Willow Garage 公司推出了 PR2 个人服务机器人（如图 1-21 所示）。PR2 是一个基于 ROS 的开放平台，能够在家庭或工作环境中服务人类，用户可以更改系统以满足自己的需求。PR2 不仅具有在环境中自主导航的移动性，而且具有抓取和操纵物体的灵活性，可以完成清理桌子、折叠毛巾、从冰箱里拿饮料等工作。

同年，韩国科学技术研究院（KIST）研制出一款家用服务机器人 Mahru-Z（如

图 1-22 所示）。Mahru-Z 是一款高 1.3m、重 55kg 的类人机器人。它具有 6 根手指，头部可以转动，具备三维视觉功能。Mahru-Z 可以承担多种家务任务，包括打扫房子、把衣服放进洗衣机、用微波炉加热食物等，而且它还可以区分不同的人。KIST 投入了近 40 亿韩元，耗时两年时间才完成这项研究。在正式投入商业使用前，KIST 计划进一步提升这款机器人的技能，使其能够完成做饭、洗碗以及服侍主人等工作。

图 1-21　Willow Garage 公司研发的 PR2 机器人　　图 1-22　韩国 KIST 的 Mahru-Z 机器人

2011 年，美国国家航空航天局将新一代的宇航员助手 Robonaut 2 随 "发现号" 航天飞机运送到国际空间站。Robonaut 2 是第一个在太空中运行的仿人机器人，尽管它的主要工作是教工程师如何在太空中操作机器人，但通过升级和进步，人们希望它有朝一日能够离开空间站，帮助宇航员完成太空行走，执行维修和科学实验等任务。

2012 年，日本丰田汽车公司发布了家庭服务机器人 HSR（Human Support Robot）（如图 1-23a 所示），但并未出售。HSR 的软件架构是建立在 ROS 之上的。该机器人作为开放平台，在机器人研究者中得到了广泛应用。HSR 机器人安装了多种传感器，整体具有 8 自由度，包括移动底座的 3 自由度、手臂的 4 自由度和躯干提升的 1 自由度。因此，可以通过同时移动托架和臂来完成灵活的运动（如图 1-23b 所示）。HSR 是既具有体力劳动能力又具有通信能力的移动机械手机器人。HSR 能够捡起、携带物体，它的发展目标是能够完成操作家具（如打开 / 关闭抽屉、使用微波炉等）、拿取和携带日常用品以及整理房间等任务。

近几年，随着大数据、云计算、机器学习、深度学习、人工智能等技术的兴起，及其在计算机视觉、自然语言处理、自主导航等方面的广泛应用，极大地促进了机器人技术的发展，尤其是服务机器人的发展。

2014 年，韩国的未来机器人公司（Future Robot）推出了名为 FURO 的酒店服务机器人（如图 1-24 所示）。这款机器人头部显示屏上的美女头像能模仿各种表情。FURO 装有多个传感器，能感应到人与障碍物。FURO 手持一块大显示屏，可以方便用户预订酒店，还有刷卡消费功能。除了用于酒店预订外，FURO 还可用于商店和机场，为人们导航。

a）家庭服务机器人 HSR

b）HSR 的托架与臂的灵活移动

图 1-23　日本丰田汽车公司开发的家庭服务机器人 HSR

同年，德国 Fraunhofer IPA 公司发布了 Care-O Bot 4 系列移动服务机器人，如图 1-25b 所示，旨在将服务机器人带入家庭或商业空间。它比 1998 年作为原型构建的 Care-O Bot 1、2002 年开发的 Care-O Bot 2 和 2010 年开发的 Care-O Bot 3（如图 1-25a 所示）更复杂。Care-O Bot 4 不仅可以作为取货和搬运的助手，还有通信和娱乐的功能。它有一个传感器驱动的导航系统，可以通过最佳路线到达目的地。Care-O Bot 4 灵活性的增强要归功于其颈部和臀部枢轴点周围的球形关节设计，它们扩展了机器人的工作空间，允许头部和躯干旋转 360°。Care-O Bot 4 降低了开发成本，并且对环境的适应性更强。通过传感器，它能够探测和越过障碍物，这些实现快速响应的技术包括 3D 传感器、激光扫描仪和立体视觉摄像机。通过

图 1-24　韩国的 FURO 酒店服务机器人

传感器，机器人还能够自行识别物体，并对其位置进行 6D 计算。

此外，2014 年，日本软银集团（SoftBank）推出了 Pepper 机器人（如图 1-26 所示），它是世界上第一个能够识别人脸与基本人类情感的社交类人形机器人。Pepper 机器人身高 120cm，能够通过对话和触摸屏与人交流。Pepper 是一个开放、完全可编程的平台，头部具有 20° 的自由度，可以做出自然和富有表现力的动作。它提供了对 15 种语言的语音识别和对话功能，包括英语、法语、德语、西班牙语、阿拉伯语、意大利语、荷兰语等。它具有感知模块，能够识别与它交谈的人并进行

互动。它具有多模式交互的触摸传感器、LED 和麦克风，以及全方位和自主导航的红外传感器、缓冲器、惯性器件、二维和三维摄像机以及声呐。

a）Care-O bot 3　　　　　　　　b）Care-O bot 4

图 1-25　德国 Fraunhofer IPA 研发的 Care-O bot 系列机器人

2014 年 5 月，微软亚洲互联网工程院推出了人工智能伴侣虚拟机器人"微软小冰"，它基于微软的情感计算框架，综合运用了算法、云计算和大数据技术，通过代际升级方式，逐步形成向 EQ 方向发展的完整人工智能体系。

2017 年 10 月，在利雅得举行的未来投资峰会上，一个名叫索菲亚的机器人被授予沙特国籍，成为有史以来第一个拥有国籍的机器人，但是引起很大争议。

综上，20 世纪 80 年代中期，机器人开始从工厂环境进入人们的日常生活环境，包括医院、办公室、家庭或其他杂乱的不可控环境。这要求机器人不仅能自主完成工作，而且能与人协作完成任务，或在人的指导下完成任务。特别是近几年，大家可以看到，各

图 1-26　日本软银集团研发的 Pepper 机器人

种会清洁地面、割草或充当导游、保姆和警卫等的自主移动机器人不断涌现。

1.3　机器人的组成

机器人一般由执行机构、驱动装置、传感装置、控制系统和复杂机械等部分组成。本节将分别介绍智能服务机器人的这些组成部分。

1.3.1　机器人的执行机构

机器人的执行机构就是机器人的本体，比如组成机器人的机械臂和行走机构

等。机器人的臂部（如有）通常采用空间开链连杆机构，上面的运动副（转动副或移动副）一般称为关节，关节个数一般称为机器人的自由度数。根据关节配置形式和运动坐标形式的不同，机器人执行机构可分为直角坐标式、极坐标式、圆柱坐标式和关节坐标式等类型。对于某些应用场景，基于拟人化的考虑，通常将机器人本体的有关部位分别称为基座、腰部、臂部、腕部、手部（夹持器或末端执行器）和行走部（对于移动机器人）等。

1.3.2　驱动装置

驱动装置是驱动执行机构运动的装置，它可以根据控制系统发出的指令信号，借助动力元件驱使机器人执行相应的动作。一般来说，驱动装置接收电信号输入，产生线、角位移量输出。机器人通常使用电力驱动装置，比如步进电机、伺服电机等，此外，面向某种特定场景的特定需求，也可以采用液压、气动等驱动装置。

1.3.3　传感装置

机器人通过各种传感器获得外界信息。传感器一般用来实时监测机器人内部的运动、工作状况以及外界工作环境信息，然后反馈给控制系统。控制系统对反馈信息进行处理后，驱动执行机构，并保证机器人的动作符合预定的要求。具有检测作用的传感器可以分为两种：一种是内部信息传感器，可以检测机器人内部状况，比如关节的位置、速度、加速度等，并将测得的信息反馈给控制器，形成闭环控制；一种是外部信息传感器，用来获取当前机器人的作业对象和外部环境等信息，使机器人的动作能适应外界的变化，达到更高层次的自动化，甚至使机器人具有某种类人的"感觉"，实现智能化。例如，视觉、声音等外部传感器可以获得工作对象、工作环境的有关信息，并把这些信息反馈给控制系统，调整执行机构，提高机器人的工作精度。

1.3.4　控制系统

控制系统一般指执行控制程序的计算机。通常有两种类型的控制系统：一种是集中式控制系统，由一台微型计算机完成机器人的全部控制工作；另一种是分散（级）式控制系统，由多台微型计算机分担机器人的控制任务，比如采用上、下两级微型计算机共同控制，上级主机通常负责系统的管理、通信、运动学和动力学计算，并向下级从机发送指令信息；下级从机（甚至可以达到每个关节对应一个管理从机）通常负责插补运算和伺服控制处理，实现特定的运动功能，并向主机反馈信息。

1.3.5　智能系统

智能系统是指能产生类人智能或行为的计算机系统。智能的含义涉及很广，概念自身也在不断地进化，智能的本质也有待进一步探索，因此，很难对"智能"一词给出一个完整确切的定义，但一般采用如下表述：智能是人类大脑的较高级活动的体现，它至少应具备自动地获取和应用知识的能力、思维与推理的能力、问题求解的能力和自动学习的能力。智能服务机器人的"智能"指的是具有完成类似人类智能的功能。智能系统的主要特征在于，其处理的对象不仅有数据，还有知识。对知识的表示、获取、存取和处理能力是智能服务机器人系统与传统机械系统的主要区别之一。因此，一个智能系统也是一个基于知识处理的系统，它需要如下技术作为基础：知识表示语言；知识组织工具；建立、维护与查询知识库的方法与环境；支持现存知识的重用。智能系统通常使用人工智能的问题求解模式来获得结果，与传统系统所采用的求解模式相比，人工智能求解模式有三个明显特征，即其问题求解算法往往是非确定性的或称启发式的；其问题求解在很大程度上依赖于知识；智能系统要解决的问题往往具有指数型的计算复杂性。智能系统使用的问题求解方法一般分为搜索、推理和规划三类。智能服务机器人系统与传统系统的另一个重要区别在于：智能系统具有现场感知（环境适应）能力。所谓现场感知是指机器人能与所处的现实世界的抽象原型进行交互，并适应所处的现场环境。这种交互通常包括感知、学习、推理、判断并做出相应的动作，这也就是人们通常所说的自组织性与自适应性。

1.3.6 智能人机接口系统

智能服务机器人目前不可能做到完全自主，还是需要与人交互，即使是完全自主的机器人，也需要向人反馈实时的任务执行情况。智能人机接口系统指机器人向用户提供的更友善自然的，具有良好自适应能力的人机交互系统。智能人机接口系统应该包含以下功能：能用自然语言进行直接的人机对话，能通过声、文、图形及图像等多种媒介进行人机交互，甚至能通过脑波等生理信号与人交互，自适应不同的用户类型、用户的不同需求，以及不同计算机系统的支持。

1.4 机器人的关键技术

机器人是一种能够代替人从事多种工作的高度灵活的自动化机械系统。机器人技术是集合了力学、电子学、机械学、生物学、人工智能、控制论、系统工程等多种学科于一体的综合性很强的新技术。服务机器人技术在本质上与其他类型的机器人是相似的。

1.4.1 自主移动技术

服务机器人的关键技术之一就是自主移动技术，其中最重要的技术就是机器人导航技术。服务机器人通过传感器侦测环境和感知自身状态，实现自动躲避环境中障碍物，达到自主运动（即导航）的目标。常用的室内机器人导航技术有：磁导航、RFID 导航、超声波和雷达导航、语音导航和视觉导航等。

1.4.2 感知技术

服务机器人的感知系统是由各种传感器共同构成的一个传感网络。其中，包括用来感知触摸的压力传感器，用来感知室内环境的烟雾和有害气体传感器，用来感知室内光线强弱的光电传感器，用来测量移动速度和距离的速度传感器，用来实现短距离精确移动定位的接近传感器，用于实现人机对话、完成语音指令的语音传感器。此外，还有感知室内空间环境的视觉传感器，它可以让机器人更好地完成物体的识别、定位和抓取等功能。当前，语音传感技术和空间视觉传感技术在服务机器人领域得到广泛研究和应用，使服务机器人可以通过语音和视觉完成拟人的环境感知。

1.4.3 智能决策和控制技术

智能决策和控制是指在无人干预的情况下自主地驱动智能机器，进行智能决策并实现控制目标的自动决策控制技术。服务机器人的智能决策控制包括在自主移动、精确定位、识别抓取物体、人机交互、网络控制等过程中的自动和智能化的决策和控制。智能决策控制包含：模糊控制、神经网络控制、人工智能控制、仿人控制、混沌控制等。智能决策和控制技术主要用于解决控制对象无法精确建模的复杂控制情况，具有非线性等特点。

1.4.4 通信技术

服务机器人主要应用通信技术实现传感、声音和图像等数据在网络上的传输，同时可以接收来自远程网络的命令和控制。当前服务机器人的远程交互方式包括：基于手机网络的 GSM 数据传输通信，基于 TCP/IP 的有线和无线网络通信，基于无线传感网络（WSN）的交互通信。

1.5 机器人的发展趋势

前面几节对服务机器人的发展历程和重要技术进行了分析，本节将对服务机器人技术的发展趋势进行展望。

1.5.1 人机交互层次化、人性化

随着新一代服务机器人的发展，机器人与用户之间的交互表现出层次化的趋势。比如，用户可以给机器人下达相对高层的指令，机器人通过自动识别甚至可以猜到用户的需求；用户也可以直接给机器人下达相对底层的指令，比如让机器人完全跟随用户的动作。用户能直接和机器人进行近距离交流，也可以通过互联网等通

信渠道实现远程交互。用户与服务机器人的交互也会越来越人性化，用户将能通过语音、手势等自然、直观的方式与机器人进行交互，机器人也可以用更多元化的方式对用户进行反馈。

1.5.2　与环境的交互智能化

随着传感器技术和工艺的进步，新一代服务机器人也会配备更多样、更先进的传感设备，从而更精确地识别环境中的物体，并对环境状态做出更精准的判断。服务机器人也可以更精细地操作环境中物体，从而为用户提供更丰富的服务功能。机器人进入家庭不仅加快了机器人本身的发展，也使家庭环境不断完善。通过对机器人工作环境进行智能化改造，也能强化在其中工作的机器人的功能。在未来，服务机器人与家庭环境将会相互促进，形成一个紧密结合的有机智能体。

1.5.3　资源利用网络化

互联网与机器人的结合是服务机器人的一个重要发展方向。互联网就像一个巨大的资源库，有巨量的计算资源和信息资源，机器人与互联网结合是一种有效利用这些资源的手段。作为一个智能终端和操作载体，服务机器人本身具备移动、感知、决策和操作功能。借助互联网平台的云计算、大数据、物联网等技术，服务机器人可以获得一个潜力巨大的信息收集和处理平台。与互联网结合，能在很大程度上延伸服务机器人的感知、决策和操作能力。

1.5.4　设计与生产标准化、模块化、体系化

随着服务机器人的发展越来越快，建立一个可获得广泛认可的服务机器人标准、设计和建立一个服务机器人模块化体系结构已成为服务机器人发展中急需解决的问题。推进服务机器人设计生产的标准化、模块化和体系化，可以减少重复性劳动，加快先进技术转化为产品的速度，提高服务机器人的产品质量，降低成本，推动服务机器人的产业化发展。

习题

1. 请列举你接触过的机器人？
2. 现代机器人包括哪些关键技术？
3. 你认为机器人会有哪些发展趋势？

参考文献

[1]　Peter Kopacek. Development Trends in Robotics[J]. E&I Elektrotechnik Und

Informationstechnik, 2013, 130(2): 42-47.

[2]   The Oxford English Dictionary[Z]. Oxford University Press, 2016.

[3]   Michael Gasperi's Extreme NXT. Machina Speculatrix[EB/OL]. http://www.extremenxt.com/walter.htm.

[4]   Patrick Waurzyniak. MASTERS OF MANUFACTURING: Joseph F. Engelberger[J]. Society of Manufacturing Engineers, 2006, 137(1): 65-75.

[5]   Artificial Intelligence Center. Shakey [EB/OL]. http://www.ai.sri.com/shakey/.

[6]   Computer History Museum. Timeline of Computer History [EB/OL]. http://www.computerhistory.org/timeline/ai-robotics/.

[7]   Wikipedia. HERO [EB/OL]. https://en.wikipedia.org/wiki/HERO_(robot).

[8]   Computer History Museum. Timeline of Computer History [EB/OL]. http://www.computerhistory.org/timeline/ai-robotics/.

[9]   Robot Workshop. RB5X-RB Robotics [EB/OL]. http://www.robotworkshop.com/robotweb/?page_id=122.

[10]   cyberneticzoo.com. 1982 – RB5X the Intelligent Robot – Joseph Bosworth (American) [EB/OL]. http://cyberneticzoo.com/robots/1982-rb5x-the-intelligent-robot-joseph-bosworth-american/.

[11]   humanoid. WABOT: WAseda roBOT [EB/OL]. http://www.humanoid.waseda.ac.jp/booklet/kato_2-j.html.

[12]   JohnEvans, BalaKrishnamurthy, WillPong, et al. HelpMate: A robotic materials transport system[J]. Robotics and Autonomous Systems, 1989, 3:251-256.

[13]   cyberneticzoo.com. 1985 – "Aquarobot" Aquatic walking robot – (Japanese) [EB/OL]. http://cyberneticzoo.com/underwater-robotics/1985-aquarobot-aquatic-walking-robot-japanse/.

[14]   Roomba. Roomaba i 系列 [EB/OL]. http://www.irobot.cn/brand/about-irobot.

[15]   K Hirai, M Hirose, Y Haikawa, et al. The development of Honda humanoid robot[J]. IEEE, 2002.

[16]   National Museums Scotland. The first bionic arm [EB/OL]. https://www.nms.ac.uk/explore-our-collections/stories/science-and-technology/made-in-scotland-changing-the-world/scottish-science-innovations/emas-bionic-arm/?item_id=.

[17]   爱学术 . 机器人 HRP-2 大特写 [EB/OL]. https://www.ixueshu.com/document/86700b6ff3e385e318947a18e7f9386.html#pdfpreview.

[18]   CYE Robot. A Robot is knocking on your Door [EB/OL]. http://www.gadgetcentral.com/cye_robot.htm.

[19]   Wikipedia. History of robots [EB/OL]. https://en.wikipedia.org/wiki/ History_of_robots#cite_note-63.

[20]   百度百科 . ASIMO [EB/OL]. https://baike.baidu.com/item/ASIMO /1312513?fr=aladdin.

[21]   百度百科 . 国际空间站 [EB/OL]. https://baike.baidu.com/item/%E5%9B%BD%E9%99%85%E7%A9%BA%E9%97%B4%E7%AB%99/40952?fr=Aladdin.

[22]   Wikipedia. Mobile Servicing System [EB/OL]. https://en.wikipedia.org/wiki/Mobile_Servicing_System#Canadarm2.

[23]   豆瓣 . 专访手术与远程医疗机器人之父王友仑 [EB/OL]. https://www.douban.com/note/525739320/.

[24]   CREATIVE MACHINES LAB-COLUMBIA UNIVERSITY. MACHINE SELF REPLICATION

[EB/OL]. https://www.creativemachineslab.com/self-replication.html.

[25] 早稻田大学菅野研究室 TWENDY チーム. Twendyone [EB/OL]. http://www.twendyone. com/index_e.html.

[26] Willow Garage. pr2 overview [EB/OL]. http://www.willowgarage.com/pages/pr2/overview.

[27] IEEE ROBOTS. PR2 [EB/OL]. https://robots.ieee.org/robots/pr2/.

[28] NASA. Robonaut 2 Getting His Space Legs [EB/OL]. https://www.nasa.gov/mission_pages/ station/main/robonaut.html.

[29] Hibikino-Musashi@Home. Human Support Robot (HSR) [EB/OL]. http://www.brain.kyutech. ac.jp/~hma/wordpress/robots/hsr/.

[30] TOYOTA. PARTNER ROBOT [EB/OL]. https://www.toyota-global.com/innovation/partner_ robot/robot/.

[31] 投影时代网. FURO 机器人即将亮相上海高清显示及数字标牌技术展 [EB/OL]. http://www. pjtime.com/2014/5/232519296129.shtml.

[32] Fraunhofer. Care-O-bot 4 [EB/OL]. https://www.care-o-bot.de/en/care-o-bot-4.html.

[33] ROBOTICS TODAY. Care-O-bot Series: Care-O-bot 4 [EB/OL]. https://www.roboticstoday. com/robots/care-o-bot-4-description.

[34] ROBOTICS TODAY. Care-O-bot Series: Care-O-bot 3 [EB/OL]. https://www.roboticstoday. com/robots/care-o-bot-3-description.

[35] SoftBank Robotics. Pepper [EB/OL]. https://www.softbankrobotics.com/emea/en/pepper.

[36] 任福继, 孙晓. 智能机器人的现状及发展 [J]. 科技导报, 2015, 33(21):32-38.

[37] 嵇鹏程, 沈惠平. 服务机器人的现状及其发展趋势 [J]. 常州大学学报, 2010, 22(2):73-78.

[38] 罗坚. 老年服务机器人发展现状与关键技术 [J]. 电子测试, 2016(6):133-134.

[39] 梁荣健, 张涛, 王学谦. 家用服务机器人综述 [J]. 智慧健康, 2016, 2(2):1-9.

## CHAPTER 2

ROS 入门

在机器人领域,**机器人操作系统**(Robot Operating System,ROS)的作用类似于智能手机领域的 Android 或 iOS。机器人操作系统为机器人开发提供了一个统一的平台,更多的用户可以在此平台上方便地研究和验证机器人算法、开发机器人应用,从而极大地促进了机器人技术的发展。

机器人操作系统对智能机器人产业的发展具有重要的战略意义,目前世界各国竞相开展了机器人操作系统的研究。比如,意大利开发了开源机器人操作系统 YARP,日本国家先进工业科学和技术研究所开发了开源机器人技术中间件 OpenRTM-aist。美国在这方面的投入更多,开发了著名的机器人开发平台 ROBOTIES、Player Stage 和广泛应用的 ROS(Robot Operating System)。

ROS 开源机器人操作系统是 Willow Garage 公司在 2010 年发布的,因为具有方便易用的特点而快速成长为主流的机器人操作系统之一。

本章首先对机器人操作系统进行简单介绍,包括为什么要使用 ROS 进行机器人开发、ROS 的概念、ROS 与计算机操作系统的区别以及 ROS 的主要特点等。然后,详细讲解 ROS 的安装、配置,包括 ROS 版本的介绍以及 ROS Indigo 与 Melodic 两个版本的安装、配置及卸载方法。本书的范例程序主要是在 ROS Indigo 版本上运行的,但是部分也在 ROS 的 Melodic 版本上进行了测试。最后列举一些学习 ROS 的网络资源。

2.1 ROS 简介

2.1.1 为什么使用 ROS

机器人软件开发具有很多共性问题,比如软件易用性、编程开发效率、跨平台开发能力、多编程语言支持能力、分布式部署、代码重用等。从事过机器人软件开发的人都知道,设计、开发真正健壮的通用机器人软件并不是一件容易的事情。这是因为,对人类来说微不足道的问题对机器人来说往往会随着环境和任务的变化而千差万别。处理这些变化是非常困难的,没有哪个人、哪个实验室或哪个机构能独自应对。

2010 年，Willow Garage 公司发布了开源机器人操作系统 ROS，其目标就是解决以上问题。ROS 系统最初就是建立在不同的个人、团队和实验室工作的基础上，为相互间的协作而设计的。

2.1.2　什么是 ROS

前面说过，ROS 是一个适用于机器人的开源操作系统，它提供了操作系统应有的服务，包括硬件抽象、底层设备控制、常用功能的实现、进程间消息传递，以及包管理等功能。它也提供了用于获取、编译、编写和跨计算机运行代码所需的工具和库函数。在某些方面，ROS 相当于一种"机器人框架"（robot framework），类似的机器人框架有 Player、YARP、Orocos、CARMEN、Orca、MOOS 和 Microsoft Robotics Studio。

ROS 运行时的"蓝图"是一种基于 ROS 通信基础结构的松耦合点对点进程网络。ROS 实现了几种不同的通信方式，包括基于同步 RPC 样式通信的**服务**（service）机制、基于异步流媒体数据的**话题**（topic）机制以及用于数据存储的**参数服务器**（Parameter Server）。

ROS 并不是一个实时的框架，但 ROS 可以嵌入实时程序。Willow Garage 的 PR2 机器人使用了一种称为 pr2_etherCAT 的系统来实时发送或接收 ROS 消息。ROS 也可以与 Orocos 实时工具包无缝集成。

2.1.3　ROS 与计算机操作系统的区别

根据维基百科的定义：OS is system software that manages computer hardware and software resources and provides common services for computer programs。也就是说，操作系统是用来管理计算机硬件与软件资源，并为计算机程序提供一些公用服务的系统软件。ROS 也是一个操作系统（OS），它与 Windows、Linux 等传统意义上的计算机操作系统有相似之处，也有很大不同。

计算机操作系统的作用是将计算机硬件封装、管理起来，应用软件通常运行在操作系统之上，不直接接触硬件，不用考虑计算机硬件产品的类型。操作系统还可以管理、调度计算机进程，实现多任务运行。计算机操作系统给开发者提供的应用程序开发接口能大大提高软件开发效率，否则大家还要自行编写汇编程序。

ROS 操作系统是一种用于机器人的后操作系统，或者说是一种次级操作系统。ROS 并不具体负责计算机的进程管理与调度，而是运行在计算机操作系统的核心上，对机器人的硬件进行封装，为不同的机器人、传感器提供一个统一的开发接口，通过一种点对点通信机制进行信息交互，使开发人员可以高效、灵活地组织机器人软件模块。ROS 提供了类似操作系统的进程管理机制和开发接口，包括硬件层抽象描述、驱动程序管理、共用功能的执行、程序间传递消息、程序发行包管理等。它还提供了一些工具程序和库，用来获取、建立、编写和运行多机整合的程序。

2.1.4　ROS 的主要特点

ROS 具有以下特点。

1. 分布式架构

ROS 的主要目标是支持机器人研究和开发中的代码重用。ROS 系统可以视为一个分布式进程框架，这种机制使可执行文件能够单独设计开发，并在运行时松散耦合。这些进程又可以分为工程包和工程包集，工程包和工程包集可以很容易地共享和分发。ROS 还支持联合的代码存储库系统，使协作也可以分发。这种设计（从文件系统级到社区级）支持关于开发和实现的独立决策，但也支持与 ROS 基础工具结合在一起。

2. 多语言中立性

因为具有分布式框架使可执行文件能被单独设计这一优点，ROS 系统中不同的功能节点程序可以使用不同的编程语言实现，这就可以避免不同编程者对编程语言的偏好不同、文化差异等因素导致的编程时间长、调试效果差、语法错误率高、执行效率低等技术问题。ROS 支持多种不同的语言，比如 C++、Python 和 LISP，也支持其他语言的不同接口实现。ROS 使用一种独立于编程语言的接口定义语言（Interface Definition Language，IDL），并实现了多种编程语言对 IDL 的封装，使得用不同编程语言编写的节点之间也能透明地进行消息传递。

3. 精简与集成

机器人软件开发向着模块化、体系化的方向发展，ROS 鼓励将所有的驱动和算法发展成独立于 ROS 核心系统的没有相互依赖性的单独的库。ROS 的基础思想是将复杂的代码封装在独立的库里，另外创建一些小的应用程序来显示库的具体功能，这就可以使用简单的代码超越原型进行移植和复用。ROS 模块化的优点使各模块中的代码可以单独编译，同时很容易进行扩展，特别适合开发大型分布式系统和大型并行进程。用 ROS 编写的代码也可以很方便地与其他机器人软件框架集成，目前 ROS 已经可以与 OpenRave、Orocos 和 Player 集成。

4. 工具包丰富

为了更好地对 ROS 软件框架进行管理，ROS 软件包还提供了许多小工具，方便开发者编译和运行各种 ROS 组件。相对于构建一个庞大的开发和运行环境，这些小工具可以提供更灵活的定制功能。这些小工具可以完成各种任务，比如，组织管理源代码结构、读取和配置系统参数、图形化端对端的拓扑连接、对频带使用宽度进行测量、用图像描绘出信息数据、文档自动化生成等。

5. 开源且免费

ROS 的所有源代码都是公开发布的，其中独立于开发语言的工具和主要客户端库（C++、Python、LISP）都在 BSD 开源授权协议下发布，可以免费用于商用和研究目的。其他的软件包（例如开发者自行开发的）可以灵活选用其他开源许可授权，例如 Apache 2.0、GPL、MIT 甚至专利许可。用户可以自行判断软件包是否具有满足自己需求的许可证。这种灵活的开源机制方便开发者对 ROS 软件的各层次进行调试并不断地改正错误，促使 ROS 不断完善。

2.2 ROS 的安装与卸载

2.2.1 ROS 的版本

应根据 ROS 版本来选择 Ubuntu 的具体版本，每一个 ROS 版本都对应着一个或两个 Ubuntu 版本，如表 2-1 所示。安装时，ROS 版本要与系统版本对应，否则是安装不上的。

表 2-1 ROS 版本与对应的 Ubuntu 版本

发布日期	ROS 版本	对应的 Ubuntu 版本
2018 年 5 月	ROS Melodic Morenia	Ubuntu 18.04（Bionic）/ Ubuntu17.10（Artful）
2017 年 5 月	ROS Lunar Loggerhead	Ubuntu 17.04（Zesty）/ Ubuntu16.10（Yakkety）/ Ubuntu 16.04（Xenial）
2016 年 5 月	ROS Kinetic Kame	Ubuntu 16.04（Xenial）/ Ubuntu 15.10（Wily）
2015 年 5 月	ROS Jade Turtle	Ubuntu 15.04（Wily）/ Ubuntu 14.04（Trusty）
2014 年 7 月	ROS Indigo Igloo	Ubuntu 14.04（Trusty）
……	……	……

Ubuntu 系统可以安装在裸机上，如果已有 Windows 系统，也可以采用安装虚拟机的方式，在虚拟机上安装 Ubuntu 系统，还可以在 Windows 系统的基础上安装 Ubuntu 双系统（推荐），具体的安装细节可根据情况在网络上搜索相关资料，这里不做详述。

本书设计的工程主要是在 ROS Indigo 上运行，但是部分工程也在 ROS 的 Melodic 版本上进行了测试。

2.2.2 安装、配置 ROS Indigo

ROS Indigo Deb 包只支持在 Ubuntu 13.10（Saucy）和 Ubuntu 14.04（Trusty）系统上安装。以下是在 Ubuntu 14.04 上安装、配置 Indigo 的方法。

1. 配置 Ubuntu 软件仓库

配置电脑上的 Ubuntu 软件仓库（repository），在"软件更新"（Software & Updates）界面进行设置，允许 restricted、universe 和 multiverse 三种安装模式（如图 2-1 所示）。

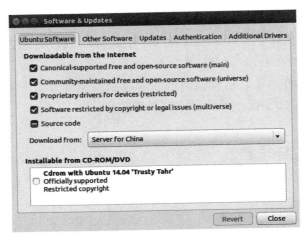

图 2-1 配置 Ubuntu 软件仓库

2. 配置 sources.list

添加软件源，使系统能安装来自 packages.ros.org 软件源的软件。

```
$ sudo sh -c 'echo "deb http://packages.ros.org/ros/ubuntu $(lsb_release -sc) main"
  > /etc/apt/sources.list.d/ros-latest.list'
```

3. 配置安装密钥（key）

配置安装密钥的命令如下：

```
$ sudo apt-key adv --keyserver hkp://pool.sks-keyservers.net --recv-key 421C365BD9F
  F1F717815A3895523BAEEB01FA116
```

如果连接到密钥服务器（keyserver）时遇到问题，可以尝试在上面的命令中把服务器地址替换为 hkp://pgp.mit.edu:80 或 hkp://keyserver.ubuntu.com:80。

4. 安装

首先，更新 Debian 软件包索引，命令如下：

```
$ sudo apt-get update
```

如果使用的是 Ubuntu 14.04，不要安装以下软件，否则会导致 xserver 无法正常工作：

```
$ sudo apt-get install xserver-xorg-dev-lts-utopic mesa-common-dev-lts-utopic
  libxatracker-dev-lts-utopic libopenvg1-mesa-dev-lts-utopic libgles2-mesa-dev-lts-
  utopic libgles1-mesa-dev-lts-utopic libgl1-mesa-dev-lts-utopic libgbm-dev-lts-
  utopic libegl1-mesa-dev-lts-utopic
```

或者尝试只安装下面这个工具来修复依赖问题：

```
$ sudo apt-get install libgl1-mesa-dev-lts-utopic
```

ROS 安装包中有多种函数库和工具，可以在安装时指定安装方式，选择全部或部分安装包。ROS 官方提供了以下四种默认安装方式，开发者可以灵活选择软件包。

1）**官方推荐的桌面完整版安装方式**：包含全部官方库，包括 ROS 核心包、rqt 库、rviz、通用机器人函数库、2D/3D 仿真器、导航以及 2D/3D 感知功能包。

安装命令如下：

```
$ sudo apt-get install ros-indigo-desktop-full
```

2）**桌面版安装方式**：包含 ROS 核心包、rqt 库、rviz 以及通用机器人函数库，安装命令如下：

```
$ sudo apt-get install ros-indigo-desktop
```

3）**基础版安装方式**：包含 ROS 核心软件包、程序构建工具以及通信相关的程序库，但没有 GUI 工具。安装命令如下：

```
$ sudo apt-get install ros-indigo-ros-base
```

4）**单个软件包安装方式**：单独安装某个指定的 ROS 软件包（使用软件包名称替换下面的 PACKAGE）。

```
$ sudo apt-get install ros-indigo-PACKAGE
```

例如：

```
$ sudo apt-get install ros-indigo-slam-gmapping
```

要查找可用软件包，可以运行如下命令：

```
$ apt-cache search ros-indigo
```

5. 初始化 rosdep

安装好 ROS 系统后，在开始使用之前还需要初始化 rosdep。rosdep 是某些 ROS 核心功能组件必须用到的工具，可以在编译某些源码的时候方便地为其安装一些系统依赖。

```
$ sudo rosdep init
$ rosdep update
```

6. 环境设置

为了在每次打开一个新的终端时都能够自动配置好 ROS 环境变量，需要把环境变量添加到 bash 环境变量配置文件中。运行如下命令：

```
$ echo "source /opt/ros/indigo/setup.bash" >> ~/.bashrc
$ source ~/.bashrc
```

如果安装有多个 ROS 版本，~/.bashrc 中只能配置一个当前使用版本所对应的 setup.bash。

如果只想改变当前终端下的环境变量，可以执行以下命令：

```
$ source /opt/ros/indigo/setup.bash
```

7. 安装 rosinstall

rosinstall 是 ROS 中一个独立的常用命令行工具，它可以让用户方便地通过一条命令给某个 ROS 软件包下载很多源码树。

要在 Ubuntu 上安装这个工具，可运行以下命令：

```
$ sudo apt-get install python-rosinstall
```

2.2.3 安装、配置 ROS Melodic

Melodic 是当前最新版本的 ROS，仅支持 Ubuntu 18.04（Bionic）和 Ubuntu 17.10（Artful）。下面介绍在 Ubuntu 18.04 上安装、配置 Melodic 的方法。

1）配置 Ubuntu 软件仓库。

同样在"Software & Updates"界面配置 Ubuntu 软件仓库，支持 restricted、universe 和 multiverse 三种安装模式。

2）添加 sources.list。

配置软件源，使其能够安装来自 packages.ros.org 的软件。

```
$ sudo sh -c 'echo "deb http://packages.ros.org/ros/ubuntu $(lsb_release -sc) main"
 > /etc/apt/sources.list.d/ros-latest.list'
```

3）添加密钥。

```
$ sudo apt-key adv --keyserver hkp://ha.pool.sks-keyservers.net:80 --recv-key 421C3
 65BD9FF1F717815A3895523BAEEB01FA116
```

4）安装。

首先，将 Debian 软件包索引更新到最新版本，命令如下：

```
$ sudo apt update
```

如果安装桌面完整版，运行如下命令：

```
$ sudo apt install ros-melodic-desktop-full
```

如果只安装桌面版，运行以下命令：

```
$ sudo apt install ros-melodic-desktop
```

如果只安装基础版，运行以下命令：

```
$ sudo apt install ros-melodic-ros-base
```

如果进行单个软件包安装，运行以下命令：

```
$ sudo apt install ros-melodic-PACKAGE
```

例如：

```
$ sudo apt install ros-melodic-slam-gmapping
```

运行如下命令可以查找可用的软件包：

```
$ apt search ros-melodic
```

5）初始化 rosdep。

在开始使用 ROS 之前，还需要初始化 rosdep。rosdep 可以在需要编译某些源码的时候为其安装一些系统依赖，同时也是某些 ROS 核心功能组件必须用到的工具。

```
$ sudo rosdep init
$ rosdep update
```

6）环境设置。

把 ROS 环境变量添加到 bash 会话中的方法如下：

```
$ echo "source /opt/ros/melodic/setup.bash" >> ~/.bashrc
$ source ~/.bashrc
```

如果只想改变当前终端下的环境变量，可以执行以下命令：

```
$ source /opt/ros/melodic/setup.bash
```

7）构建包的依赖项。

到目前为止，我们已经安装了运行 ROS 核心软件包所需的组件。通常，开发者还需要创建和管理自己的 ROS 工作区，这就要根据需求单独安装各种工具包。例如，要安装 rosinstall 工具和其他用于构建 ROS 包的依赖项，运行以下命令：

```
$ sudo apt install python-rosinstall python-rosinstall-generator python-wstool
  build-essential
```

2.2.4 卸载 ROS

如果用 apt-get 方式安装过 Indigo 版本的 ROS，可使用如下命令卸载：

```
$ sudo apt-get remove ros-<ROS name> -*
```

其中，< > 内是 ROS 的版本名字，如 indigo。如果卸载成功，/opt 目录下的 ROS 文件夹中的 indigo 目录会被删除。

2.3 进一步学习的资源

下面是学习 ROS 及相关知识的一些资源，有兴趣的读者可参考这些资料深入学习。

❑ ROS 维基百科官方英文教程：http://wiki.ros.org/
❑ ROS 维基百科官方中文教程：http://wiki.ros.org/cn
❑ 计算机视觉相关资源：
OpenCV：http://opencv.org/

PCL：http://pointclouds.org/

Openni：http://www.openni.org/

Reconstructme：http://reconstructme.net/

PrimeSense：http://www.primesense.com/

OpenKinect：http://openkinect.org/wiki/Main_Page

❑ 相关学习网站：

创客智造：https://www.ncnynl.com/

习题

1. 使用 ROS 的好处是什么？

2. ROS 与传统意义上的计算机操作系统有什么区别？

3. 如何确认你的 ROS 已经安装成功？

参考文献

[1]   宋慧欣，邵振洲 . 机器人操作系统新发展 [J]. 自动化博览，2016(9):32-33.

[2]   雷锋网 . 机器人操作系统的发展状况和未来优化 [EB/OL]. https://www.leiphone.com/news/201612/
       PpjEsSWU6RwN1yVI.html.

[3]   维基百科 . ROS/Introduction [EB/OL]. http://wiki.ros.org/cn/ROS/Introduction.

[4]   博客园 . 机器人操作系统 ROS [EB/OL]. https://www.cnblogs.com/qqfly/p/58513-82.html.

[5]   周兴社，杨刚，王岚，等 . 机器人操作系统 ROS 原理与应用 [M]. 北京：机械工业出版社，2017.

[6]   维基百科 . ROS/Distributions [EB/OL]. http://wiki.ros.org/Distributions.

CHAPTER 3
第 3 章

ROS 框架和使用基础

在正确安装 ROS 之后，我们将继续学习 ROS 框架与初步的使用方法。在 ROS 框架部分，我们将帮助读者全面了解 ROS 的组成和资源分布，ROS 框架包括文件系统级别、计算图级别和社区级别三个层次；在了解 ROS 基本框架后，我们将介绍 ROS 使用的基础知识，主要包括 catkin 的介绍、工作空间及其创建、工程包的创建和编译、ROS 节点的创建和编译及运行、roslaunch 的使用、ROS 消息和服务的创建、如何使用 C++ 或 Python 编写测试消息发布器和订阅器、如何使用 C++ 或 Python 编写测试 Server 和 Client 等。本章内容是进行后续各章学习的基础，大家应熟练掌握。

3.1 ROS 框架

为了便于开发人员理解，ROS 系统框架一般可以分为三个级别：文件系统级别、计算图级别和社区级别，各级别的作用如图 3-1 所示。

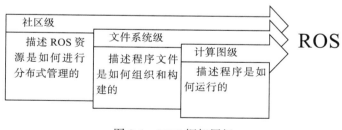

图 3-1 ROS 框架层级

3.1.1 文件系统级

文件系统级主要指在硬盘里能看到的 ROS 目录和文件，包括：

1）**工程包**（Package）：在 ROS 中组织软件的主要单元。一个工程包可能包含 ROS 运行时的节点、一个依赖库、运行所需数据集、节点配置文件或其他有用的文件。工程包是 ROS 中原子级的编译项和发布项，即编译和发布的最小项是工程包。

2）**元工程包**（Metapackage）：元工程包是专门的工程包，只用于表示一组相关的工程包。

3）**工程包清单**（Package Manifest）：清单（package.xml）提供工程包有关的元数据，包括包的名称、版本、描述、许可证信息、依赖项和其他元数据信息，如导出的工程包。

4）**存储库**（Repository）：存储库是一个分享通用 VCS 系统的包的集合。共享一个 VCS 系统的包具有相同的版本并且可以通过 catkin 自动发布工具 bloom 一起发布。当然，存储库也可以只包含一个包。

5）**消息**（msg）**类型**：定义和描述 ROS 消息的数据结构。消息类型存储在 my_package/msg/mymessagetype.msg 中，用于定义 ROS 中发送的消息的数据结构。

6）**服务**（srv）**类型**：描述 ROS 服务的数据结构。服务类型存储在 my_package/srv/myservicetype.srv 中，定义 ROS 中服务的请求和响应的数据结构。

3.1.2 计算图级

计算图是 ROS 进程的点对点网络，ROS 在计算图里整合并处理数据。ROS 计算图的基本概念包括节点（Node）、主控制器（Master）、参数服务器（Parameter Server）、消息（Message）、服务（Service）、话题（Topic）和包（Bag），它们都会以不同的方式向计算图提供数据。

1）**节点**：节点是执行运算的进程。一个机器人控制系统通常含有多个节点。例如，控制激光测距仪的节点、控制车轮马达的节点、执行定位的节点、执行路径规划的节点、提供系统的图形视图的节点等。ROS 节点一般使用 ROS 客户端库（roscpp 或 rospy）编写。

2）**主控制器**：ROS 主控制器为整个计算图提供名称注册和查找服务。通过主控制器，各节点才能通过名称找到彼此、交换消息或调用服务。

3）**参数服务器**：参数服务器允许数据按键存储在中心位置。它当前是主控制器的一部分。

4）**消息**：节点之间通过传递消息进行通信。消息只是一种数据结构，支持标准数据类型（整数、浮点、布尔值等）以及对应的数组。消息可以包含任意嵌套的结构和数组（类似 C 语言的结构 struct）。

5）**话题**：消息通过具有发布/订阅语义的传输系统来传送。节点通过向给定话题发布消息实现消息发送。话题对应一个定义好的名称，用来标识消息的内容，对某一类数据感兴趣的节点可以通过订阅对应的话题获取消息。一个话题可以有多个发布器和订阅器同时发布和订阅消息，一个节点也可以同时发布和/或订阅多个话题。严格来说，发布器和订阅器不需要知道彼此的存在，其理念是将信息的生产方与使用方脱离。从逻辑上讲，可以把话题视为强类型消息总线。每个总线都有一个名称，只要是正确的类型，任何人都可以连接到总线来发送或接收消息。

6）**服务**：发布/订阅模型是一种灵活的通信模式，但是其多对多的单向传输方式不适合分布式系统，因为分布式系统经常需要进行请求/应答交互，所以 ROS 提供了服务这种通信方式。服务由一对消息结构组成：一个请求消息，一个应答消息。

7）**包**：包是用于存储和回放 ROS 消息数据的结构，它是保存运行时数据（如传感器数据）的重要机制。这些数据可能难以收集，但对于开发和测试算法是必要的。

节点与话题的消息通信过程如图 3-2 所示。

在 ROS 计算图中，ROS 主控制器充当名称服务，它保存并维护 ROS 当前运行的所有话题和服务的注册信息。每个节点启动时都会与主控制器通信并登记其注册信息。当这些节点与主控制器通信时，可以接收其他已注册节点的信息并进行适当的连接。当注册信息更改时，

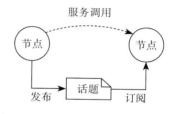

图 3-2　节点与话题直接的消息通信

主控制器还将回调这些节点，这允许节点在运行新节点时动态创建连接。

这种体系结构支持解耦操作，其中名称是构建更大、更复杂系统的主要手段。名称在 ROS 中具有非常重要的作用，节点、主题、服务和参数必须有确定的名称。每个 ROS 客户端库都可以对名称进行重新映射，这样编译后的程序就可以在运行时重新配置，并在不同的计算图拓扑中运行。

例如，要驱动 Hokuyo 激光测距仪，可以启动名称为 hokuyo_node 的驱动程序，该驱动程序可以与激光测距仪进行对话，并建立一个 scan 话题，向话题发布 sensor_msgs/LaserScan 消息。为了处理激光测距仪的扫描数据，我们可以编写一个名称为 laser_filters 的过滤器节点，订阅 scan 话题的消息。订阅后，我们的过滤器节点将自动开始接收来自激光测距仪的信息。

那么这两个节点是如何解耦的呢？ hokuyo_node 节点所做的工作就是发布扫描信息，它并不知道是否有节点订阅。laser_filters 过滤器节点所做的就是订阅扫描信息，它也不知道是否有节点发布扫描信息。这两个节点可以随意单独启动、终止和重新启动，而不会引发任何错误。

3.1.3　社区级

ROS 社区级是指 ROS 资源，用于使不同的社区能够交换软件和知识。这些资源包括：

1）**发行**（Distribution）：ROS 发行是可以安装的、版本化的 ROS 工程包的集合。参见 http://wiki.ros.org/Distributions。

2）**存储库**（Repository）：ROS 依赖于代码库的联合网络，在这里，不同的机

构可以开发和发布各自的软件。参见 http://wiki.ros.org/Repositories。

3）ROS 维基社区：ROS 维基社区是维护 ROS 相关信息的主要论坛。任何人都可以注册社区账户并上传自己的文档、发布更正或者更新、提供教程等。参见 http://wiki.ros.org/Documentation。

其他资源还包括：

1）**Bug 票据系统**（Bug Ticket System）：有关文件票据的信息请参阅 http://wiki.ros.org/Tickets。

2）**邮件列表**（Mailing List）：ROS 用户邮件列表提供了 ROS 更新的主要通信渠道，也是最活跃的 ROS 软件问题的论坛。参见 http://wiki.ros.org/action/show/Support?action=show&redirect=Mailing+Lists。

3）**ROS 回答**（ROS Answer）：回答 ROS 相关问题的问答网站。参见 https://answers.ros.org/questions/。

4）**博客**（Blog）：提供定期更新，包括照片和视频。参见 http://www.ros.org/news/。

3.2 ROS 使用基础

在正式使用 ROS 之前，我们要初步了解 ROS 的文件系统、工程包的创建以及它们是如何运行的。这是使用 ROS 进行开发的基础，有助于我们更好地了解 ROS 是如何工作的。

3.2.1 catkin 概述

catkin 是 ROS 的官方编译系统，也是 ROS 最初的编译系统 Rosbuild 的继承版。catkin 结合了 CMake 宏命令和 Python 脚本，能在 CMake 的正常工作流程之上提供一些功能。catkin 的设计比 Rosbuild 更实用，它支持更好地分布工程包，提供更好的交叉编译支持和可移植性。catkin 的工作流程与 CMake 的工作流程相似，catkin 工程包可以作为一个独立的项目来构建，就像普通的 CMake 项目一样。catkin 还提供了工作空间（workspace）的概念，可以同时构建多个相互依赖的包。

catkin 这个名字来源于柳树（willow tree）上的尾巴状的花絮——表明是 Willow Garage 创建了 catkin。如果想了解更多关于 catkin 的信息，请参考 http://wiki.ros.org/catkin/conceptual_overview。

3.2.2 工作空间及其创建方法

1. catkin 工作空间简介

catkin 工作空间是修改、构建和安装 catkin 工程包的文件夹。以下是推荐的典型 catkin 工作空间布局。

```
workspace_folder/            -- 工作空间
  src/                       -- 源空间
    CMakeLists.txt           -- "顶层" CMake 文件
    package_1/
      CMakeLists.txt
      package.xml
      ...
    package_n/
      CATKIN_IGNORE          -- 将 package_n 从正在执行的工程包排除出来，可选择为空的文件
      CMakeLists.txt
      package.xml
      ...
  build/                     -- 编译空间
    CATKIN_IGNORE            -- 阻止 catkin 浏览此目录
  devel/                     -- 开发空间（由 CATKIN_DEVEL_PREFIX 设置）
    bin/
    etc/
    include/
    lib/
    share/
    .catkin
    env.bash
    setup.bash
    setup.sh
    ...
  install/                   -- 安装空间（由 CMAKE_INSTALL_PREFIX 设置）
    bin/
    etc/
    include/
    lib/
    share/
    .catkin
    env.bash
    setup.bash
    setup.sh
    ...
```

一个 catkin 工作空间最多包含四个不同的空间，每个空间在软件开发过程中发挥不同的作用。

1）**源空间**（Source Space，src）：源空间包含 catkin 工程包的源代码。用户可以在这里提取 / 校验 / 复制要生成的工程包的源代码。源空间中的每个文件夹都包含一个或多个 catkin 工程包。通过配置、编译或安装等操作，该空间可以保持不变。源空间的根目录下包含一个符号链接到 catkin 顶层的 CMakeLists.txt 文件。在工作空间中配置 catkin 项目的过程中，CMake 将调用此文件。它可以通过调用源空间目录中的 catkin_init_workspace 来创建。

2）**编译空间**（Build Space, build）：这是调用 CMake 时编译源空间中的工程包的地方，用来存储工作空间编译过程中产生的缓存信息和其他中间文件。编译空间不是必须包含在工作区中，也不是必须位于源空间之外（但通常建议这样做）。

3）**开发空间**（Development Space，devel）：开发空间用来放置在安装工程包

之前已编译好的目标程序。目标程序在开发空间中的组织方式与其安装时的布局相同，这提供了一个有用的测试和开发环境，不需要调用安装步骤。开发空间的位置由一个 catkin 的特殊 CMake 变量 CATKIN_DEVEL_PREFIX 控制，它默认位于 <build space>/develspace。这是默认行为，因为如果 CMake 用户在 build 文件夹中调用 cmake，会修改当前目录之外的内容，可能会使用户感到困惑。建议将开发空间目录设置为编译空间目录的对等目录。

4）**安装空间**（Install Space, install）：目标编译完成后，就可以通过调用安装目标（通常使用 make install）将它们安装到安装空间中。安装空间不必包含在工作空间中。由于安装空间是由 CMAKE_INSTALL_PREFIX 设置的，因此它默认位于 /usr/local 目录下，并且不应该使用它（因为卸载几乎不可能，使用多个 ROS 分发也不起作用）。

5）**结果空间**（Result Space）：当提到开发空间或安装空间的文件夹时，将使用通用术语"结果空间"。

2. 创建 catkin 工作空间

安装 ROS 时，默认情况下会包含 catkin。下面我们开始创建并编译一个 catkin 工作空间。

```
$ mkdir -p ~/robook_ws/src   # robook_ws 即为创建的工作空间，src 为源空间，其中包含工程包
                               的源代码
$ cd ~/robook_ws/
$ catkin_make
```

catkin_make 命令在编译 ROS 软件包时是一个非常方便的工具，它的详细介绍请参见 http://wiki.ros.org/catkin/Tutorials/using_a_workspace。第一次运行 catkin_make 之后，会在 src 文件夹中创建一个 cmakelists.txt 链接，还会在当前目录中生成一个 build 和 devel 文件夹。在 devel 文件夹中有几个 setup.*sh 文件。对这些文件中的任何一个使用 source 命令，都可以把当前工作空间设置在 ROS 工作环境的最顶层。

可以用如下 source 命令处理新生成的 setup.sh 文件：

```
$ source devel/setup.bash
```

若要保证 setup 脚本正确覆盖了工作空间，需确保 ROS_PACKAGE_PATH 环境变量包含工作空间目录，可使用以下命令查看：

```
$ echo $ROS_PACKAGE_PATH
```

输出包含如下内容：

```
/home/youruser/robook_ws/src:/opt/ros/melodic/share
```

其中，youruser 是用户名字，melodic 是 ROS 的名字。

在这里，我们将创建的 ros 工作空间添加到全局路径下，这样不需要每次打开

一个终端命令行都需要对工程包下的 setup.sh 文件使用 source 命令。

```
$ echo "source robook_ws/devel/setup.bash" >> ~/.bashrc
$ source ~/.bashrc
```

3.2.3 创建 ROS 工程包

我们将使用 catkin_create_pkg 命令来创建一个新的 catkin 工程包。catkin_create_pkg 命令要求输入 package_name（工程包的名字），如果有需要，还可以在后面添加一些需要依赖的其他工程包（depend）。

```
$ catkin_create_pkg <package_name> [depend1] [depend2] [depend3]
```

接下来，我们可以开始创建自己的工程包。首先切换到之前创建的 robook_ws 工作空间的 src 目录，命令如下：

```
$ cd ~/robook_ws/src
```

创建名为"ch3_pkg"的工程包，命令如下：

```
# 这个工程包依赖于 std_msgs、roscpp、rospy
$ catkin_create_pkg ch3_pkg std_msgs rospy roscpp
```

可以看到，在 robook_ws/src 目录下，生成了一个名为"ch3_pkg"的文件夹。该文件夹包含一个 package.xml 文件和一个 CMakeLists.txt 文件，这两个文件都自动地包含了部分在执行 catkin_create_pkg 命令时提供的信息。

3.2.4 编译 ROS 工程包

首先对环境配置（setup）文件使用 source 命令：

```
$ source /opt/ros/melodic/setup.bash
```

接下来，使用命令行工具 catkin_make 编译工程包。catkin_make 简化了 catkin 的标准工作流程，它的工作可认为是在 CMake 标准工作流程中依次调用了 cmake 和 make。使用方法如下：

```
# 在 catkin 工作空间下
$ catkin_make [make_targets] [-DCMAKE_VARIABLES=...]
```

现在，切换到已经创建好的工作空间，使用 catkin_make 来进行编译：

```
$ cd ~/robook_ws/
$ catkin_make
```

3.2.5 创建 ROS 节点

我们以创建 hello.cpp 节点为例来介绍创建 ROS 节点的过程。我们将编写一个输出字符串"Hello, world!"的节点并运行它。

1）转到 "ch3_pkg" 工程包中包含源代码的 src 目录下，创建 hello.cpp 文件，然后使用 gedit 编辑器编辑。

```
$ cd ~/robook_ws/src/ch3_pkg/src
$ touch hello.cpp
$ gedit hello.cpp
```

2）在 hello.cpp 中修改如下代码：

```
#include <ros/ros.h>
int main(int argc, char **argv) {
        ros::init(argc, argv, "hello");      // 初始化节点
        ros::NodeHandle n;
        ROS_INFO("Hello, world!");           // 输出信息
        ros::spinOnce();
}
```

3）修改 CMakeLists.txt 文件，在其中加入编写的新节点的信息：

```
cmake_minimum_required(VERSION 2.8.3)
project(ch3_pkg)

find_package(catkin REQUIRED COMPONENTS
  roscpp
  rospy
  std_msgs
)

catkin_package()

include_directories(
  ${catkin_INCLUDE_DIRS}
)

add_executable(hello ./src/hello.cpp)

target_link_libraries(hello ${catkin_LIBRARIES})
```

3.2.6　编译运行 ROS 节点

在这一节，我们要编译运行上一节中创建好的节点。

1）在 ~/robook_ws 目录下编译程序：

```
$ catkin_make
```

2）编译成功后，运行该节点。在一个新的终端里运行以下命令：

```
$ roscore
```

3）打开一个新的终端，进入 robook_ws 目录下，运行以下命令：

```
$ rosrun ch3_pkg hello
```

如果之前没有将工作空间添加到全局路径下，rosrun 会找不到 ch3_pkg 工程包。这时，我们需要在 robook_ws 目录下先执行 source 命令，再运行 rosrun 命令：

```
$ source devel/setup.bash
$ rosrun ch3_pkg hello
```

可以看到，有输出"Hello,world!"，如下所示：

```
[ INFO] [1548582101.184988498]: Hello, world!
```

3.2.7　roslaunch 的使用

roslaunch 是运行指定工程包中的一个或多个节点或设置执行选项的命令。其语法如下：

```
$ roslaunch [package] [filename.launch]
```

我们以运行两个小乌龟 turtlesim 为例来说明它的使用方法。

1）切换到我们之前已经创建好的 ch3_pkg 工程包目录下：

```
$ roscd ch3_pkg
```

2）创建一个 launch 文件夹：

```
$ mkdir launch
$ cd launch
```

3）创建一个 launch 文件，将它命名为 example_launch.launch，修改其内容如下：

```
<launch>

  <group ns="turtlesim1">
    <node pkg="turtlesim" name="sim" type="turtlesim_node"/>
  </group>

  <group ns="turtlesim2">
    <node pkg="turtlesim" name="sim" type="turtlesim_node"/>
  </group>

  <node pkg="turtlesim" name="mimic" type="mimic">
    <remap from="input" to="turtlesim1/turtle1"/>
    <remap from="output" to="turtlesim2/turtle1"/>
  </node>

</launch>
```

文件中使用的几个标签说明如下。

❑ <launch>：描述了使用 roslaunch 命令运行节点所需要的标签。

❑ <group>：对指定节点进行分组的标签。其中，ns 选项指命名空间（namespace），这是组的名称。

❑ <node>：描述了 roslaunch 运行的节点，选项中包含 pkg（工程包的名称）、type（实际运行的节点的名称）、name（与 type 对应的节点运行时的名称，可与 type 的名称相同，也可不同）。

4）逐段解析 launch 文件：

```
</launch>
```

开头的 launch 标签的作用是声明这是一个 launch 文件。

```
<group ns="turtlesim1">
  <node pkg="turtlesim" name="sim" type="turtlesim_node"/>
</group>

<group ns="turtlesim2">
  <node pkg="turtlesim" name="sim" type="turtlesim_node"/>
</group>
```

建立两个节点分组，分别命名为 turtlesim1 和 turtlesim2。两组都使用了相同的名称为 sim 的节点，这样可以同时启动两个 turtlesim 模拟器而不会产生命名冲突。

```
<node pkg="turtlesim" name="mimic" type="mimic">
    <remap from="input" to="turtlesim1/turtle1"/>
    <remap from="output" to="turtlesim2/turtle1"/>
  </node>
```

启动模仿节点。将所有话题的输入和输出分别重命名为 turtlesim1 和 turtlesim2，使得 turtlesim2 模仿 turtlesim1。

```
</launch>
```

结尾的 launch 标签是 launch 文件结束的标志。

5）于是，可以通过 roslaunch 命令来启动 launch 文件：

```
$ roslaunch ch3_pkg example_launch.launch
```

这时，可以看见有两个 turtlesim 已经启动了，如图 3-3 所示。

也可以用 rostopic 命令发送速度设定消息，使两个小乌龟同时移动。在一个新终端中输入以下命令：

```
$ rostopic pub /turtlesim1/turtle1/cmd_vel geometry_msgs/Twist -r 1 -- '[2.0, 0.0, 0.0]' '[0.0, 0.0, -1.8]'
```

可以看到两个小乌龟同时运动，如图 3-4 所示。

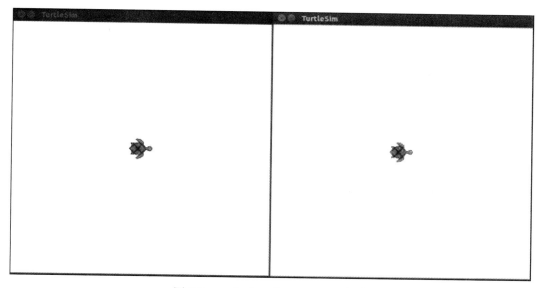

图 3-3　turtlesim1 和 turtlesim2 启动

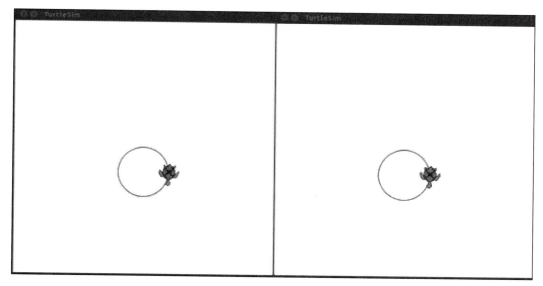

图 3-4　turtlesim1 和 turtlesim2 同时运动

3.2.8　创建 ROS 消息和服务

我们首先来了解一下什么是消息和服务。消息是 ROS 中一个进程（节点）发送到其他进程（节点）的信息，节点通过消息完成彼此的沟通。消息的数据结构称为消息类型，ROS 系统提供了很多标准类型的消息，用户可以直接使用，如果要使用一些非标准类型的消息，就需要自行定义该类型的消息。

服务是 ROS 中进程（节点）间的请求 / 响应通信过程。在一些特殊的场合，节点间需要点对点的高效率通信并及时获取应答，这时就需要使用服务的方式进行交互。提供服务的节点称为服务端，向服务端发起请求并等待响应的节点称为客户端。客户端发起一次请求并得到服务端的一次响应，这样就完成了一次服务通信过程。服务请求/响应的数据结构称为服务类型。服务类型的定义借鉴了消息类型的定义方式，它们的区别在于，消息数据是 ROS 进程（节点）间多对多广播式通信过程中传递的信息，服务数据是 ROS 进程（节点）间点对点的请求/响应通信过程传递的信息。

ROS 中的消息由 msg 文件定义。msg 文件是一个描述 ROS 中所使用消息类型的简单文本，可以用来生成不同语言的源代码。它存放在工程包的 msg 目录下。

msg 文件中的每一行声明一个数据类型和变量名，可以使用的数据类型有以下几种：

- ❏ int8，int16，int32，int64(plus uint*)
- ❏ float32，float64
- ❏ string
- ❏ time，duration
- ❏ 其他 msg 文件
- ❏ variable-length array 和 fixed-length array

ROS 还有一个特殊的数据类型：Header，它包含了时间戳和坐标系信息。

以下是 msg 文件的一个例子：

```
Header header
string child_frame_id
geometry_msgs/PoseWithCovariance pose
geometry_msgs/TwistWithCovariance twist
```

在 ROS 中，一个 srv 文件描述一项服务，包含"请求"和"响应"两个部分，它们之间用"---"分隔。srv 文件存放在工程包的 srv 目录下。

以下是 srv 文件的一个例子：

```
int64 A
int64 B
---
int64 Sum
# A、B 是请求，Sum 是响应
```

在 ch3_pkg 包中创建一个消息（msg）的步骤如下：

1）在工程包中创建一个 msg 文件夹，在其中创建 Num.msg 文件，并加入一行声明：

```
$ cd ~/robook_ws/src/ch3_pkg
$ mkdir msg
$ echo "int64 num" > msg/Num.msg
```

2）为了保证 msg 文件能够被 C++、Python 或其他语言所支持，需要修改

package.xml 文件，加入以下两条语句：

```
<build_depend>message_generation</build_depend>
<exec_depend>message_runtime</exec_depend>
```

3）修改 CMakeLists.txt 文件。在 find_package 函数中，增加对 message_generation 的依赖：

```
find_package(catkin REQUIRED COMPONENTS
  roscpp
  rospy
  std_msgs
  message_generation
)
```

4）设置运行依赖：

```
catkin_package(
  CATKIN_DEPENDS message_runtime
)
```

5）修改如下代码块：

```
add_message_files(
  FILES
  Num.msg
)
```

6）添加 generate_message() 函数：

```
generate_messages(
  DEPENDENCIES
  std_msgs
)
```

至此，CMakeLists.txt 文件修改完成，也就完成了创建消息的工作。

创建消息后，可以通过 rosmsg 命令行工具检查该消息能否被 ROS 识别。

```
$ rosmsg show ch3_pkg/Num
```

输出为：

```
int64 num
```

在 ch3_pkg 包中创建一个服务（srv）的步骤如下。

1）在工程包中创建一个 srv 文件夹：

```
$ roscd ch3_pkg
$ mkdir srv
```

2）服务可以手动创建，也可以从其他工程包中复制。在此，我们使用 rospy_tutorials 工程包中的服务文件：

```
# roscp: 从工程包中复制文件
$ roscp rospy_tutorials AddTwoInts.srv srv/AddTwoInts.srv
```

3）同样，需要修改 CMakeLists.txt 文件。

首先，CMakeLists.txt 要利用 find_package() 函数增加对 message_generation 的依赖（此例在创建 msg 文件时已加入）。

4）修改以下代码块：

```
add_service_files(
  FILES
  AddTwoInts.srv
)
```

至此，便完成了创建一个服务的工作。

可以通过 rossrv 命令行工具检查 ROS 是否能够识别该服务。命令如下：

```
$ rossrv show ch3_pkg/AddTwoInts
```

输出如下：

```
int64 a
int64 b
---
int64 sum
```

若需要使用 msg 和 srv，还需要执行以下步骤。

1）在 CMakeLists.txt 中，把 generate_messages() 函数的注释去掉：

```
# 本例依赖 std_msgs, 不需要添加 roscpp, rospy
generate_messages(
  DEPENDENCIES
  std_msgs
)
```

2）重新编译工程包：

```
$ cd ~/robook_ws
$ catkin_make
```

3.2.9 编写简单的消息发布器和订阅器（C++ 语言实现）

本节中，我们使用 C++ 语言来编写一个简单的消息发布器和订阅器。

首先，创建发布器节点（talker），它的功能是持续在 ROS 网络中广播消息。切换到之前创建好的 ch3_pkg/src 路径下，创建 talker.cpp 文件，并使用 gedit 编辑。

```
$ cd ~/robook_ws/src/ch3_pkg/src
$ touch talker.cpp
$ gedit talker.cpp
```

使用如下代码：

```
#include "ros/ros.h"  // 引用 ROS 中大部分常用的头文件
#include "std_msgs/String.h"  /* 由 String.msg 文件自动生成的头文件
std_msgs/String 消息存放在
std_msgs package 中 */
#include <sstream>

int main(int argc, char **argv)
{
  ros::init(argc, argv, "talker");  /* 初始化 ROS。
通过命令行进行名称重映射，
也可以指定节点的名称，
运行过程中节点的名称必须唯一。 */

  ros::NodeHandle n;  // 为进程节点创建句柄

ros::Publisher chatter_pub = n.advertise<std_msgs::String>("chatter", 1000);
/*
NodeHandle::advertise()：返回一个 ros:Publisher 对象。
第一个参数 chatter：在 chatter（话题名）上发布 std_msgs/String 类型的消息，于是 master（节
    点管理器）便会告诉所有订阅了 chatter 话题的节点，将要由数据发布。
第二个参数：发布序列的大小。
*/

  ros::Rate loop_rate(10);  // 指定自循环频率。本句以 10Hz 频率运行

  int count = 0;
  while (ros::ok())          // 如果 ros::ok() 返回 false，所有 ROS 调用都会失败
  {
    std_msgs::String msg;
    std::stringstream ss;
    ss << "hello world " << count;
    msg.data = ss.str();
/*
使用一个由 msg file 文件产生的"消息自适应"类在 ROS 网络中广播消息。它只有一个数据成员
    "data"。
*/

    ROS_INFO("%s", msg.data.c_str());  // 可代替 printf/cout 等函数

    chatter_pub.publish(msg);  // 向所有订阅 chatter 话题的节点发送消息

    ros::spinOnce();

    loop_rate.sleep();  // 调用 ros::Rate 对象来休眠一段时间以使得发布频率为
      //10Hz
    ++count;
  }

  return 0;
}
```

接下来，编写订阅器节点（listener）。在 ch3_pkg/src 路径下创建 listener.cpp 文件，使用 gedit 编辑。

```
$ touch listener.cpp
$ gedit listener.cpp
```

使用如下代码：

```
#include "ros/ros.h"
#include "std_msgs/String.h"

void chatterCallback(const std_msgs::String::ConstPtr& msg)
// 回调函数，当接收到 chatter 话题时会被调用。
{
  ROS_INFO("I heard: [%s]", msg->data.c_str());
}

int main(int argc, char **argv)
{
  ros::init(argc, argv, "listener");

  ros::NodeHandle n;

  ros::Subscriber sub = n.subscribe("chatter", 1000, chatterCallback);
/* NodeHandle::subscribe()：返回 ros::Subscriber 对象。它必须处于活动状态，直到不再订阅
     该消息。当这个对象销毁时，它将自动退订 chatter 话题的消息。
   第一个参数 "chatter"：告诉 master（节点管理器）将要订阅 chatter 话题上的消息。当有消息发布时，
     ROS 就会调用 chatterCallback() 函数。
   第二个参数：队列大小。
*/

  ros::spin();  // 进入自循环

  return 0;
}
```

最后，编译节点。首先需要修改 CMakeLists.txt 文件，在文件末尾加入以下语句：

```
include_directories(include ${catkin_INCLUDE_DIRS})

add_executable(talker src/talker.cpp)
target_link_libraries(talker ${catkin_LIBRARIES})

add_executable(listener src/listener.cpp)
target_link_libraries(listener ${catkin_LIBRARIES})
```

然后，回到工作空间路径下进行编译：

```
$ cd ~/robook_ws
$ catkin_make
```

3.2.10　编写简单的消息发布器和订阅器（Python 语言实现）

本节中，我们使用 Python 语言来编写一个简单的消息发布器和订阅器。

首先编写发布器节点（talker）。在 ch3_pkg 工程包中，创建 scripts 目录，用于存放 Python 代码。然后创建 talker.py 文件，使用 gedit 编辑，如下所示：

```
$ roscd ch3_pkg
$ mkdir scripts
$ cd scripts
$ touch talker.py
$ gedit talker.py
```

使用如下代码：

```python
#!/usr/bin/env python
# license removed for brevity
# 确保该脚本是使用 Python 执行的脚本。

import rospy
from std_msgs.msg import String
# 导入 rospy 客户端库和 std_msgs.msg 重用 std_msgs/String 消息类型。

def talker():
    # 定义 talker 接口
    pub = rospy.Publisher('chatter', String, queue_size=10)
    # 节点发布 chatter 话题，使用 String 字符类型，队列大小为 10。
    rospy.init_node('talker', anonymous=True)
    # 初始化节点

    rate = rospy.Rate(10)
    # 创建 Rate 对象，控制话题消息的发布频率，此例为 10Hz

    while not rospy.is_shutdown():
        # 返回 false 就会退出，若没有返回值则一直运行
        hello_str = "hello world %s" % rospy.get_time()
        rospy.loginfo(hello_str)
        # 在屏幕输出调试信息，同时写入节点日志文件和 rosout 节点
        pub.publish(hello_str)
        # 在 chatter 话题发布 String 消息
        rate.sleep()
        # 与 rospy.Rate() 结合，保持消息发送频率

if __name__ == '__main__':
    try:
        talker()
    except rospy.ROSInterruptException:
        pass
```

修改权限为可执行：

```
$ chmod +x talker.py
```

接下来，编写订阅器节点（listener）。在 scripts 目录下创建 listener.py 文件：

```
$ touch listener.py
$ gedit listener.py
```

使用如下代码：

```
#!/usr/bin/env python
import rospy
from std_msgs.msg import String

def callback(data):
    rospy.loginfo(rospy.get_caller_id() + "I heard %s", data.data)

def listener():
    rospy.init_node('listener', anonymous=True)
    '''
    anonymous=True 会告诉 rospy 要生成一个唯一的节点名称，
    因此允许多个 listener.py 同时运行
    （ROS 要求每个节点有唯一名称，如果由相同名称，则会中止之前同名的节点）
    '''

    rospy.Subscriber("chatter", String, callback)
    '''
    节点订阅话题 chatter，消息类型是 std_msgs.msgs.String。
    一旦接收到新消息，触发回调函数处理这些信息，并把消息作为第一个参数
    传递到函数里。
    '''

    rospy.spin()  # 保持节点一直运行，直到程序关闭。

if __name__ == '__main__':
    listener()
```

修改权限为可执行：

```
$ chmod +x listener.py
```

最后，编译节点。进入工作空间，运行以下命令：

```
$ cd ~/robook_ws
$ catkin_make
```

3.2.11　测试消息发布器和订阅器

本节中，我们来看看如何测试消息发布器和订阅器。

首先启动发布器，运行之前创建的 talker 节点：

```
$ roscore
$ cd ~/robook_ws
$ source ./devel/setup.bash
```

```
$ rosrun ch3_pkg talker        (C++)
$ rosrun ch3_pkg talker.py     (Python)
```

可以看到输出消息如下：

```
......
[INFO] [1548619061.279528]: hello world 1548619061.28
[INFO] [1548619061.379443]: hello world 1548619061.38
[INFO] [1548619061.479474]: hello world 1548619061.48
[INFO] [1548619061.579381]: hello world 1548619061.58
[INFO] [1548619061.679409]: hello world 1548619061.68
......
```

然后，启动订阅器，运行之前创建的 listener 订阅器节点：

```
$ rosrun ch3_pkg listener      (C++)
$ rosrun ch3_pkg listener.py   (Python)
```

可以看到输出消息如下：

```
......
[INFO] [1548619061.281000]: /listener_23804_1548619061046I heard hello world
    1548619061.28
[INFO] [1548619061.381006]: /listener_23804_1548619061046I heard hello world
    1548619061.38
[INFO] [1548619061.481059]: /listener_23804_1548619061046I heard hello world
    1548619061.48
[INFO] [1548619061.580614]: /listener_23804_1548619061046I heard hello world
    1548619061.58
[INFO] [1548619061.680674]: /listener_23804_1548619061046I heard hello world
    1548619061.68
......
```

3.2.12　编写简单的 Server 和 Client（C++ 语言实现）

在本节，我们将学习如何用 C++ 来编写 Server 和 Client 节点。

首先编写 Server 节点，其作用是接收两个整型数字，并返回它们的和。这会用到前面创建的 srv 文件。

在 ch3_pkg/src 路径下创建 example_server.cpp 文件：

```
$ cd ~/robook_ws/src/ch3_pkg/src
$ touch example_server.cpp
$ gedit example_server.cpp
```

使用如下代码：

```
#include "ros/ros.h"
#include "ch3_pkg/AddTwoInts.h"

bool add(ch3_pkg::AddTwoInts::Request  &req,
```

```
              ch3_pkg::AddTwoInts::Response &res)
```
/*
提供两个 int 值求和的服务: int 值从 request 里获取,返回数据填入 response,数据类型定义在 srv
文件内部。函数返回一个 boolean 值。
*/
```
{
  res.sum = req.a + req.b;
  ROS_INFO("request: x=%ld, y=%ld", (long int)req.a, (long int)req.b);
  ROS_INFO("sending back response: [%ld]", (long int)res.sum);
  return true;
}
```
/*
两值相加,存入 response。记录 request 和 response 信息。
完成计算返回 true
*/

```
int main(int argc, char **argv)
{
  ros::init(argc, argv, "add_two_ints_server");
  ros::NodeHandle n;

  ros::ServiceServer service = n.advertiseService("add_two_ints", add);
  // 创建 service,并在 ROS 内发布出来

  ROS_INFO("Ready to add two ints.");
  ros::spin();

  return 0;
}
```

接下来,编写 Client 节点,在 ch3_pkg/src 路径下创建 example_client.cpp 文件:

```
$ touch example_client.cpp
$ gedit example_client.cpp
```

使用如下代码:

```
#include "ros/ros.h"
#include "ch3_pkg/AddTwoInts.h"
#include <cstdlib>

int main(int argc, char **argv)
{
  ros::init(argc, argv, "add_two_ints_client");
  if (argc != 3)
  {
    ROS_INFO("usage: add_two_ints_client X Y");
    return 1;
  }

  ros::NodeHandle n;
```

```
ros::ServiceClient client = n.serviceClient<ch3_pkg::AddTwoInts>("add_two_ints");
// 创建 client, ros::ServiceClient 对象用于调用 service
ch3_pkg::AddTwoInts srv;
srv.request.a = atoll(argv[1]);
srv.request.b = atoll(argv[2]);
// 实例化 service 类，为其 request 成员赋值

if (client.call(srv))  // 调用 service
{
  ROS_INFO("Sum: %ld", (long int)srv.response.sum);
}
else
{
  ROS_ERROR("Failed to call service add_two_ints");
  return 1;
}

  return 0;
}
```

最后，编译节点。修改 CMakeLists.txt 文件，将下述语句添加至文件末尾：

```
add_executable(example_server src/example_server.cpp)
target_link_libraries(example_server ${catkin_LIBRARIES})
add_dependencies(example_server ch3_pkg_gencpp)

add_executable(example_client src/example_client.cpp)
target_link_libraries(example_client ${catkin_LIBRARIES})
add_dependencies(example_client ch3_pkg_gencpp)
```

回到工作空间下，进行编译：

```
$ cd ~/robook_ws
$ catkin_make
```

3.2.13　编写简单的 Server 和 Client（Python 语言实现）

在本节中，我们用 Python 语言来编写简单的 Server 和 Client 节点。

首先，编写 Server 节点，其作用与上一节相同，这会使用到 AddTwoInts.srv。
进入之前已经创建好的 ch3_pkg/scripts 目录，创建 example_server.py 文件：

```
$ cd ~/robook_ws/src/ch3_pkg/scripts
$ touch example_server.py
$ gedit example_server.py
```

使用如下代码：

```
#!/usr/bin/env python

from ch3_pkg.srv import *
```

```
import rospy

def handle_add_two_ints(req):
    print "Returning [%s + %s = %s]"%(req.a, req.b, (req.a + req.b))
    return AddTwoIntsResponse(req.a + req.b)

def add_two_ints_server():
    rospy.init_node('add_two_ints_server')  # 初始化节点，声明服务

    s = rospy.Service('add_two_ints', AddTwoInts, handle_add_two_ints)
    '''
    声明一个名为 add_two_ints 的服务，使用 AddTwoInts 服务类型。
    所有请求传递到 handle_add_two_ints 函数处理，
    并传递实例 AddTwoIntsRequest 和返回 AddTwoIntsResponse 实例
    '''

    print "Ready to add two ints."
    rospy.spin()  # 保持代码不退出，直到服务关闭

if __name__ == "__main__":
    add_two_ints_server()
```

修改权限为可执行：

```
$ chmod +x example_server.py
```

接下来，编写 client 节点。在 ch3_pkg/scripts 目录下，创建 example_client.py 文件：

```
$ touch example_client.py
$ gedit example_client.py
```

使用如下代码：

```
#!/usr/bin/env python

import sys
import rospy
from ch3_pkg.srv import *

def add_two_ints_client(x, y):
    rospy.wait_for_service('add_two_ints')
    try:
        add_two_ints = rospy.ServiceProxy('add_two_ints', AddTwoInts)
        # 创建用于调用服务的句柄

        resp1 = add_two_ints(x, y)
        return resp1.sum
    except rospy.ServiceException, e:
        print "Service call failed: %s"%e

def usage():
```

```
        return "%s [x y]"%sys.argv[0]

if __name__ == "__main__":
    if len(sys.argv) == 3:
        x = int(sys.argv[1])
        y = int(sys.argv[2])
    else:
        print usage()
        sys.exit(1)
    print "Requesting %s+%s"%(x, y)
    print "%s + %s = %s"%(x, y, add_two_ints_client(x, y))
```

修改权限为可执行:

```
$ chmod +x example_client.py
```

3.2.14 测试简单的 Server 和 Client

接下来，我们测试编写的 Server 和 Client。

首先，运行以下命令:

```
$ roscore
```

接着，运行 Server:

```
$ rosrun ch3_pkg example_server      (C++)
$ rosrun ch3_pkg example_server.py  (Python)
```

可以看到输出如下:

```
Ready to add two ints.
```

运行 Client，并附带要进行计算的参数:

```
$ rosrun ch3_pkg example_client 2 8      (C++)
$ rosrun ch3_pkg example_client.py 2 8  (Python)
```

可以看到，Server 终端如下:

```
# C++
[ INFO] [1548628167.111254451]: request: x=2, y=8
[ INFO] [1548628167.111280342]: sending back response: [10]

# python
Returning [2 + 8 = 10]
```

Client 终端如下:

```
# C++
[ INFO] [1548628167.111396602]: Sum: 10

# python
```

```
Requesting 2+8
2 + 8 = 10
```

本章中，我们学习了 ROS 的基本使用方法，包括如何编写自己的工程包、如何编写简单的发布器与订阅器、如何编写简单的 Server 与 Client 等内容。本章内容十分重要，今后所有的功能实现都与本章内容密切相关，建议读者熟练掌握。

习题

1. 更改本章中小乌龟运动的例子，让小乌龟沿方形轨迹做直线运动。
2. 修改消息发布和订阅器的例子，把发布的消息改成当前时间。
3. 修改 Server 和 Client 的例子，创建一个返回当前时间的服务。
4. 简述消息和服务的区别。

参考文献

[1] 维基百科. ROS/catkin/conceptual_vrview [EB/OL]. http://wiki.ros.org/catkin/conceptual_overview.

[2] 维基百科. ROS/catkin/workspace [EB/OL] http://wiki.ros.org/catkin/workspaces.

[3] 维基百科. ROS/catkin/Tutorials [EB/OL] http://wiki.ros.org/catkin/Tutorials.

[4] YoonSeok Pyo, HanCheol Cho, RyuWoon Jung, et al. ROS 机器人编程 [M]. ROBOTIS 有限公司，2017.

[5] 胡春旭. ROS 机器人开发实践 [M]. 北京：机械工业出版社，2018.

[6] 维基百科. ROS/catkin/Tutorials/CreatingPackage [EB/OL]. http://wiki.ros.org/catkin/Tutorials/CreatingPackage.

第 **4** 章

ROS 的调试

在上一章，我们已经对 ROS 的框架和基本使用方法有了初步了解，并学习了 ROS 基本节点、消息和服务等基础功能的编程方法。在开发过程中，难免会遇到各种软/硬件问题，需要对程序进行调试。ROS 提供了大量的命令与工具帮助开发人员调试代码，这些命令可以帮助开发人员了解关于节点、话题等的信息，以便解决开发中遇到的各种问题。本章将主要介绍 ROS 调试常用的命令、工具，并对 ROS 基本命令进行总结，这些命令与工具对于解决调试机器人过程中遇见的问题大有帮助，开发人员应该熟练掌握这些命令。

4.1 ROS 调试的常用命令

本节将按照调试对象的类型对 ROS 调试常用命令进行介绍，让大家初步了解这些命令的作用和用法。

1. rosnode

该命令的作用是输出节点相关信息，用法如下：

```
$ rosnode ping          测试与目标主机的连通性
$ rosnode list          获取运行节点列表
$ rosnode info          获取特定节点的信息
$ rosnode machine       显示在特定计算机上运行的节点或计算机名
$ rosnode kill          终止节点
$ rosnode cleanup       清除已终止的节点
```

2. rqt_graph

在 ROS 中查看节点与节点之间的发布 – 订阅关系，椭圆形表示节点，有向边表示其两端的节点间的发布 – 订阅关系。注意，rqt_graph 本身就是一个节点。

```
$ rosrun rqt_graph rqt_graph
```

3. rostopic

rostopic 命令用于获取有关 ROS 话题的信息。

```
$ rostopic bw          测量消息发布所占用的带宽
```

```
$ rostopic delay          显示延时
$ rostopic echo           查看某个话题上发布的消息
$ rostopic find           根据类型查找话题
$ rostopic hz             测量消息发布的频率
$ rostopic info           获取更多关于话题的信息
$ rostopic list           获取当前活跃的话题
$ rostopic pub            发布消息给指定的话题
$ rostopic type           打印话题的类型
```

4. rosservice

该命令用于显示 ROS 服务的相关信息。

```
$ rosservice args          输出服务参数
$ rosservice call          调用带参数的服务
$ rosservice find          依据类型寻找服务
$ rosservice info          输出服务信息
$ rosservice list          输出可用服务的信息
$ rosservice type          输出服务类型
$ rosservice uri           输出服务的 URI
```

5. rosparam

可通过 rosparam 命令存储并操作 ROS 参数服务器（Parameter Server）上的数据。

```
$ rosparam set            设置参数
$ rosparam get            获取参数
$ rosparam load           从文件读取参数
$ rosparam dump           向文件中写入参数
$ rosparam delete         删除参数
$ rosparam list           列出参数名
```

6. rosed

rosed 用于编辑 ROS 中的文件。

```
$ rosed [package_name] [filename]
```

7. rosmsg

该命令用于输出 ROS Message 的相关信息。

```
$ rosmsg show             查看某种消息类型的详情
$ rosmsg list             列出所有消息
$ rosmsg md5              显示消息的 md5sum
$ rosmsg package          列出工程包中的消息
$ rosmsg packages         列出包含消息的工程包
```

4.2　ROS 调试的常用工具

我们可以使用一些工具来完成调试相关的工作，本节将介绍这些常用工具。

4.2.1　使用 rqt_console 在运行时修改调试级别

ROS 为管理日志信息提供了一系列工具。在 ROS Kinetic 中有两个独立的 GUI：rqt_logger_level 用于设置节点或者指定日志记录器的日志记录级别；rqt_console 可以对日志消息进行可视化、过滤和分析。

我们先运行 roscore，然后在两个新终端下运行以下代码，查看 rqt_console（如图 4-1 所示）以及 rqt_logger_level（如图 4-2 所示）的输出信息。

```
$ rosrun rqt_console rqt_console
$ rosrun rqt_logger_level rqt_logger_level
```

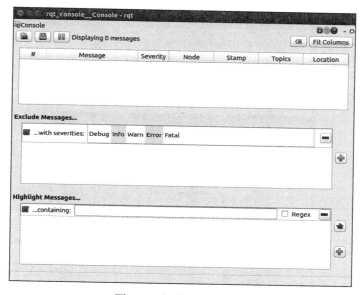

图 4-1　查看 rqt_console

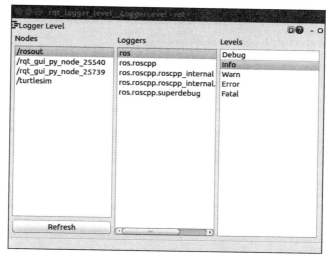

图 4-2　查看 rqt_logger_level

现在我们在新端口运行 turtlesim：

```
$ rosrun turtlesim turtlesim_node
```

如果使用的默认日志等级为 Info，则可以在窗口中看到 turtlesim 启动后的日志信息，如图 4-3 所示。

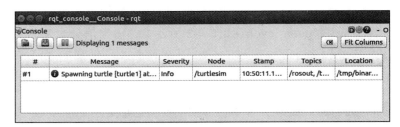

图 4-3   turtlesim 启动后的日志信息

点击 Refresh，刷新 rqt_logger_level 窗口，然后选择 Warn，将日志等级修改为 Warn，如图 4-4 所示。

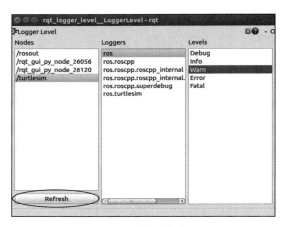

图 4-4   将日志等级修改为 Warn

然后，我们让 turtle 动起来，在新端口输入以下命令：

```
$ rostopic pub /turtle1/cmd_vel geometry_msgs/Twist -r 1 -- '{linear: {x: 2.0, y: 0.0,
  z: 0.0}, angular: {x: 0.0,y: 0.0,z: 0.0}}'
```

观察 rqt_console 中的输出，如图 4-5 所示。

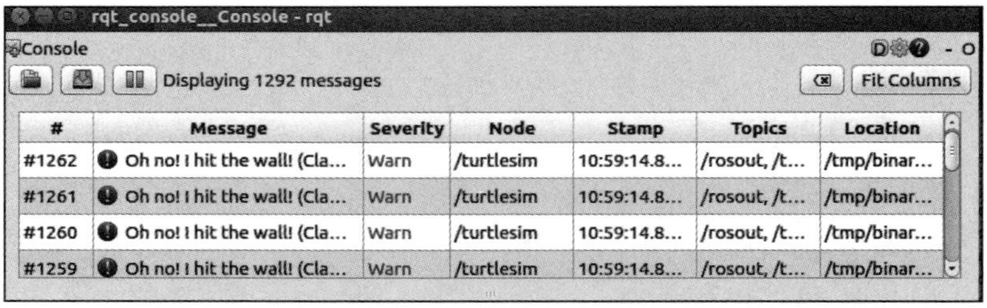

图 4-5   rqt_console 中的输出

在 rqt_console 中，消息按照类别（例如通过时间戳、消息类型、严重级别以及产生这些消息的节点等）进行收集和显示。双击一个消息，还可以看到所有相关信息，包括生成它的代码。

在 rqt_logger_level 中，日志分为 Fatal、Error、Warn、Info、Debug 五个优先级别，最高优先级为 Fatal，最低优先级为 Debug，通过设置日志等级可以获取该等级以上优先等级的所有日志消息。例如，当将日志等级设置为 Warn 时，会得到 Warn、Error、Fatal 这三个等级的所有日志消息。

4.2.2 使用 roswtf 检测配置中的潜在问题

ROS 提供了一些工具来检测给定工程包中所有元件的潜在问题。roswtf 用于检查 ROS 设置（如环境变量），并查找配置问题。roswtf 主要的用法如下。

1）用于检测工程包。使用 roscd 移动到想要分析的工程包路径下，然后运行 roswtf：

```
$ cd robook_ws
$ source devel/setup.bash
$ roscd ch3_pkg
$ roswtf
```

2）用于检测 launch 文件，运行以下命令：

```
$ cd robook_ws
$ source devel/setup.bash
$ roscd ch3_pkg/launch
$ roswtf example_launch.launch
```

运行结果如图 4-6 所示。

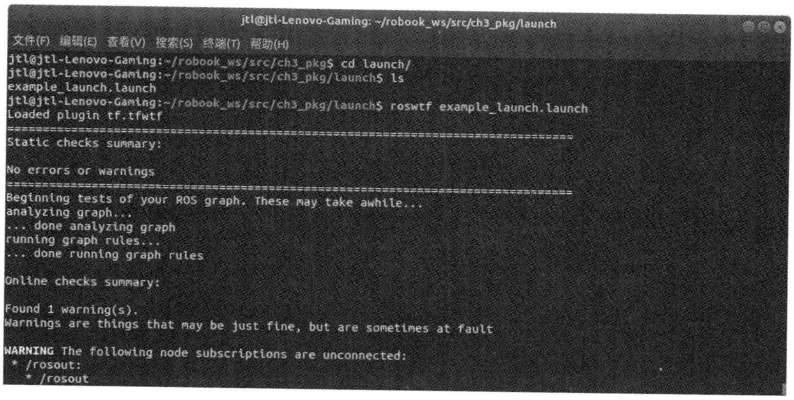

图 4-6 roswtf 的运行结果

4.2.3 使用 rqt_graph 显示节点状态图

在 ROS 中，可以使用有向图来显示 ROS 会话的当前状态，其中运行的节点是图中的节点，边为发送者 – 订阅者在这些节点与话题间的连接。我们运行用键盘控制 turtle 的程序，在三个终端分别运行以下命令：

```
$ roscore
$ rosrun turtlesim turtlesim_node
$ rosrun turtlesim turtle_teleop_key
```

然后，我们在新的端口打开状态图（如图 4-7 所示）：

```
$ rosrun rqt_graph rqt_graph
```

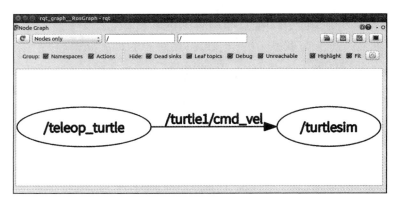

图 4-7　节点状态图

turtlesim 节点和 teleop_turtle 节点是通过一个 ROS 话题来相互通信的。teleop_turtle 节点在一个名为 /turtle1/cmd_vel 的话题上发布按键输入消息，turtlesim 节点则通过订阅该话题来接收该消息。如果将鼠标放在 /turtle1/cmd_vel 上方，相应的 ROS 节点和话题就会高亮显示，从而清晰地看到这个话题上发布节点和订阅节点的通信关系。

4.2.4　使用 rqt_plot 绘制标量数据图

在 ROS 中，可以使用一些通用工具轻松地绘制标量数据图。rqt_plot 提供了一个 GUI 插件，它使用不同的绘图后端来实现二维绘图中的数值可视化。在此，我们还是以键盘控制 turtle 的程序为例进行说明。

在三个终端，分别运行以下命令，实现键盘控制 turtle：

```
$ roscore
$ rosrun turtlesim turtlesim_node
$ rosrun turtlesim turtle_teleop_key
```

运行 rqt_plot，打开 GUI 界面：

```
$ rqt_plot
```

查看正在运行的 ros 话题：

```
$ rostopic list
```

可以看到以下正在运行的话题：/rosout、/rosout_agg、/turtle1/cmd_vel、/turtle1/color_sensor、/turtle1/pose。

我们在打开的 GUI 界面左上角的 Topic 处输入 "/" 就可以看到可选的话题列表，增加（或删除）需要监控的话题。例如，我们监控 /turtle1/pose 的 topic，然后用键盘控制 turtle 移动，可以看到 GUI 界面中参数曲线的变化（如图 4-8 所示）。

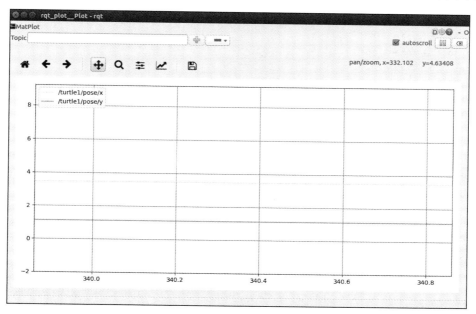

图 4-8　GUI 界面中参数的变化

4.2.5　使用 image_view 显示二维图像

在 ROS 中，通常会创建一个节点，在节点中展示来自摄像头的图像。如果使用微软的 Kinect 摄像头，我们需要安装 ROS OpenNI 驱动。使用下列命令：

```
$ sudo apt-get install ros-melodic-openni-camera
```

本节中，我们介绍如何调用普通的 USB 摄像头或者笔记本电脑自带的摄像头。首先，我们从 GitHub 上下载 ROS 对 USB 摄像头的驱动包：

```
$ cd robook_ws/src
$ git clone https://github.com/ros-drivers/usb_cam
$ cd ..
$ catkin_make
```

我们在 robook_ws/src 下得到 usb_cam 的包，可以通过以下命令查看摄像头驱动程序：

```
$ ls /dev/video*
```

我们可以通过修改 usb_cam 包下的 usb_cam-test.launch 文件的内容来选择摄像

头设备和画面大小等。现在，我们运行驱动包中的 launch 文件：

```
$ roslaunch usb_cam usb_cam-test.launch
```

虽然可能出现一些错误，但是并不影响摄像头的使用。我们在一个新终端中运行 rostopic list，会得到当前的所有话题输出：

```
$ rostopic list
/rosout
/rosout_agg
/usb_cam/camera_info
/usb_cam/image_raw
/usb_cam/image_raw/compressed
/usb_cam/image_raw/compressed/parameter_descriptions
/usb_cam/image_raw/compressed/parameter_updates
/usb_cam/image_raw/compressedDepth
/usb_cam/image_raw/compressedDepth/parameter_descriptions
/usb_cam/image_raw/compressedDepth/parameter_updates
/usb_cam/image_raw/theora
/usb_cam/image_raw/theora/parameter_descriptions
/usb_cam/image_raw/theora/parameter_updates
```

我们可以从中挑选想要得到的图像信息进行输出。例如，要得到 /usb_cam/image_raw 话题图像信息，可以通过 rqt_image_view 在打开界面的左上角手动选择需要的话题图像信息。例如，选择 /usb_cam/image_raw/compressedDepth 就会得到深度信息，注意，普通的 USB 摄像头没有深度信息。我们选择 /usb_cam/image_raw 即可得到当前彩色图像（如图 4-9 所示）。

```
$ rosrun rqt_image_view rqt_image_view
```

图 4-9　rqt_image_view 运行结果

4.2.6　使用 rqt_rviz（rviz）实现 3D 数据可视化

很多传感器设备（双目摄像头、Kinect、激光雷达等）都能够提供 3D 信息，为了能直观地显示这些数据，ROS 提供了 rviz（rqt_rviz）工具，从而将传感器数据在模型化世界中显示出来。rviz 集成了能够进行 3D 数据处理的 OpenGL 接口，可以通过传感器坐标系读取测量值，再将这些读数按照坐标之间的对应关系绘制在正确的位置。

在两个终端中分别运行 roscore 和 rqt_rviz：

```
$ roscore
$ rosrun rqt_rviz rqt_rviz
```

我们会看到如图 4-10 所示的图形化工作界面。界面的中心区域是三维视图，左边是 Display（显示类型）面板，在这里会展示所有的加载项目录。现在，它只包含全局选项和时间视图。在这个区域下方有一个 Add 按钮，用于通过主题或类型添加更多的参数项。界面右侧是 View（视图）面板，用于显示当前使用的视图控制器的属性以及保存的视图列表。

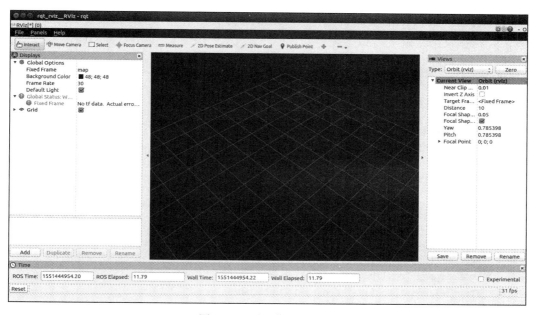

图 4-10　图形化工作界面

每个显示类型都有自己的状态，以帮助用户判断是否处于正常状态。一般有以下 4 种状态：正常、警告、错误和禁用。状态在显示类型的标题中通过文本颜色、图标以及状态类别表示，用户可以查看该显示是否展开。点击每个参数都会有相应的解释和说明。

界面顶部有一些工具栏，其中最常用的是 2D Pose Estimate 和 2D Nav Goal，可与机器人导航工程包一起使用，用于搭建机器人的导航系统。

点击底部的 Add 会弹出"Display Type"对话框，可以用该对话框添加新的显示类型，如图 4-11 所示。对话框顶部的列表显示可用的显示类型，并按提供它们的插件进行分组。中间的文本框提供所选择的显示类型的说明。在对话框底部的文本框中，可以为显示的新实例指定一个名称，默认为类型的名称。

后文会介绍 rviz 可视化工具的不同用途，不同的用途需要不同的配置，要详细学习 rviz 的各项操作，可以参考 http://wiki.ros.org/rviz/Tutorials。

图 4-11　Display Type 对话框

4.2.7　使用 rosbag 和 rqt_bag 记录与回放数据

当我们要将机器人的数据记录下来用于分析处理时，需要用到数据的保存和回放功能。本节将使用 rosbag 完成这个操作。

在这里，我们还是使用键盘控制 turtle 进行实验，分别在三个终端运行以下命令：

```
$ roscore
$ rosrun turtlesim turtlesim_node
$ rosrun turtlesim turtle_teleop_key
```

在启动 turtle_teleop_key 的终端下按方向键会让 turtle 运动起来。如果要在当前系统中发布所有话题，可以打开一个新终端，并执行以下命令：

```
$ rostopic list -v

Published topics:
 * /turtle1/color_sensor [turtlesim/Color] 1 publisher
 * /turtle1/command_velocity [turtlesim/Velocity] 1 publisher
 * /rosout [roslib/Log] 2 publishers
 * /rosout_agg [roslib/Log] 1 publisher
 * /turtle1/pose [turtlesim/Pose] 1 publisher

Subscribed topics:
 * /turtle1/command_velocity [turtlesim/Velocity] 1 subscriber
 * /rosout [roslib/Log] 1 subscriber
```

上面列出的已发布话题消息是唯一可被录制和保存到文件中的话题消息，因为只有已发布的消息才可以被录制。teleop_turtle 节点在 /turtle1/command_velocity 话题上发布消息，同时 turtlesim 节点订阅该消息作为输入。turtlesim 节点同时在 /turtle1/color_sensor 和 /turtle1/pose 话题上发布消息。

现在可以开始录制消息了。首先，建立一个用来录制消息的临时目录；然后，在该目录下运行 rosbag record 命令，并附加 -a 选项，该选项的作用是录制当前发布的所有话题数据并保存到一个 bag 文件中。具体操作是打开一个新终端窗口，在终端中执行以下命令：

```
$ mkdir ~/bagfiles
$ cd ~/bagfiles
$ rosbag record -a
```

然后，回到 turtle_teleop 节点所在的终端窗口，用键盘控制 turtle 随意移动 10 秒左右。切换到运行 rosbag record 命令的窗口中按 Ctrl-C 退出该命令。查看 ~/bagfiles 目录中的内容，就会看到一个以年份、日期和时间命名并以 .bag 作为后缀的文件。这个 bag 文件包含了 rosbag record 命令运行期间所有节点发布的话题。

接下来，我们可以回放录制的消息，输入 rosbag info 检查消息内容，并使用 rosbag play 命令将其回放出来。

```
$ rosbag info <your bagfile>
$ rosbag play <your bagfile>
```

回放时，我们应该可以在 turtuelsim 虚拟画面中看到 turtle 像之前通过键盘控制一样开始移动。

我们还可以通过 rqt_bag 命令回放消息记录包、查看图像、绘制标量数据体和消息的 RAW 结构等。在终端命令行运行以下命令，在打开的界面空白处按右键选择想要查看的话题（如图 4-12 所示）。

```
$ rosrun rqt_bag rqt_bag <your bagfile>
```

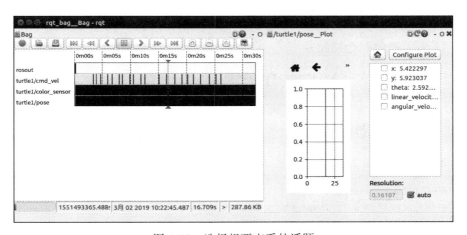

图 4-12　选择想要查看的话题

4.2.8　rqt 插件与 rx 应用

自从 ROS Fuerte 发布以来，rx 应用或工具已经逐步被 rqt 节点替代，但其功能基本上是一样的，只有少量升级和修正，表 4-1 对一些工具进行了说明。

表 4-1   ROS rqt 与 rx 工具的对比

ROS rqt 工具	ROS rx 工具
rqt_console	rxconsole
rqt_graph	rxgraph
rqt_plot	rxplot
rqt_image_view	image_view
rqt_rviz	rviz
rqt_bag	rxbag

4.3   ROS 基本命令总结

本节将结合实例对 ROS 基本命令进行总结。

4.3.1   创建 ROS 工作空间

❑ 启动 ROS

```
$ roscore
```

❑ 创建工作环境

```
$ mkdir -p ~/robook_ws/src
$ cd ~/robook_ws/src
```

❑ 编译 ROS 程序

```
$ cd ~/robook_ws
$ catkin_make
```

❑ 添加工程包到全局路径

```
$ echo "source robook_ws/devel/setup.bash" >> ~/.bashrc
$ source ~/.bashrc
```

4.3.2   Package 的相关操作

❑ 创建 Package 并编译

```
$ cd ~/ robook _ws/src
$ catkin_create_pkg <package_name> [depend1] [depend2] [depend3]
$ cd ~/ robook _ws
$ catkin_make
```

❑ 查找 Package

```
$ rospack find [package name]
```

❑ 搜索 catkin

```
$ catkin_find [package name]
```

❑ 查看 Package 依赖

```
$ rospack depends <package_name>
```

❑ 基于源代码的安装

从 .rosinstall 文件中查找待下载的软件包，进行编译安装并生成 setup.bash 配置文件以更改环境变量。

```
$ rosinstall <path> <paths...> [options]
```

其中，path 为源码的安装目录，paths 为 .rosinstall 文件或其存储目录，可以有多个。

4.3.3　节点的相关操作

❑ 查看所有正在运行的节点

```
$ rosnode list
```

❑ 查看某节点信息

```
$ rosnode info [node_name]
```

❑ 运行节点

```
$ rosrun [package_name] [node_name] [__name:=new_name]
```

❑ 与指定的节点进行连接测试

```
$ rosnode ping [node_name]
```

❑ 查看 PC 中运行的节点列表

```
$ rosnode machine [PC 名称或 IP]
```

❑ 停止指定节点运行

```
$ rosnode kill [node_name]
```

❑ 删除失去连接的节点的注册信息

```
$ rosnode cleanup
```

4.3.4　话题的相关操作

❑ 查看 rostopic 的所有操作

```
$ rostopic -h
```

❑ 查看所有话题列表

```
$ rostopic list
```

❑ 图形化显示 Topic

```
$ rosrun rqt_graph rqt_graph
$ rosrun rqt_plot rqt_plot
```

❑ 实时显示指定话题的消息内容

```
$ rostopic echo [topic]
```

❑ 显示指定话题的消息类型

```
$ rostopic type [topic]
```

❑ 用指定的话题名称发布消息

```
$ rostopic pub [-1] <topic> <msg_type> [-r 1] -- [args] [args]
```

❑ 显示使用指定类型的消息的话题

```
$ rostopic find [topic type]
```

❑ 显示指定话题的消息带宽

```
$ rostopic bw [topic]
```

❑ 显示指定话题的消息数据发布周期

```
$ rostopic hz [topic]
```

❑ 显示指定话题的信息

```
$ rostopic info [topic]
```

4.3.5 服务的相关操作

❑ 查看所有 service 操作

```
$ rosservice -h
```

❑ 显示活动的服务信息列表

```
$ rosservice list
```

❑ 用输入的参数请求服务

```
$ rosservice call [service] [args]
```

❑ 显示服务类型并显示数据

```
$ rosservice type [service]
```

❑ 显示指定服务的信息

```
$ rosservice info [service]
```

❑ 查找指定服务类型的服务

```
$ rosservice find [service type]
```

❏ 显示 ROSRPC URI 服务

```
$ rosservice uri [service]
```

❏ 显示服务参数

```
$ rosservice args [service]
```

4.3.6 rosparam 的相关操作

❏ 查看参数列表

```
$ rosparam list
```

❏ 将参数保存到指定文件

```
$ rosparam dump [file_name]
```

❏ 设置服务参数值

```
$ rosparam set [parame_name] [args]
```

❏ 获得参数值

```
$ rosparam get [parame_name]
```

❏ 从指定文件加载参数

```
$ rosparam load [file_name] [namespace]
```

❏ 删除参数

```
$ rosparam delete [parame_name]
```

4.3.7 bag 的相关操作

❏ 录制所有话题的变化

```
$ rosbag record -a
```

❏ 将指定话题的消息记录到 bag 文件目录

```
$ rosbag record -O subset <topic1> <topic2>
```

❏ 查看 bag 文件信息

```
$ rosbag info <bagfile_name>
```

❏ 回放指定的 bag 文件

```
$ rosbag play (-r 2) <bagfile_name>
```

❏ 压缩指定的 bag 文件

```
$ rosbag compress [bagfile_name]
```

❏ 解压指定的 bag 文件

```
$ rosbag decompress [bagfile_name]
```

❏ 生成一个删除了指定内容的新的 bag 文件

```
$ rosbag filter [ 输入文件 ] [ 输出文件 ] [ 选项 ]
```

❏ 刷新索引

```
$ rosbag reindex bag [bagfile_name]
```

❏ 检查指定的 bag 文件是否能在当前系统中回放

```
$ rosbag check bag [bagfile_name]
```

❏ 修复 bag 文件，把因为版本不同而无法回放的 bag 文件修复成可以回放的
文件

```
$ rosbag fix [ 输入文件 ] [ 输出文件 ] [ 选项 ]
```

4.3.8　rosmsg 的相关操作

❏ 显示所有消息

```
$ rosmsg list
```

❏ 显示指定消息

```
$ rosmsg show [ 消息名称 ]
```

❏ 显示 md5sum 消息

```
$ rosmsg md5 [ 消息名称 ]
```

❏ 显示指定工程包的所有消息

```
$ rosmsg package [ 工程包名称 ]
```

❏ 显示包含消息的所有工程包

```
$ rosmsg packages
```

4.3.9　rossrv 的相关操作

❏ 显示所有服务

```
$ rossrv list
```

❏ 显示指定的服务信息

```
$ rossrv show [ 服务名称 ]
```

❏ 显示 md5sum 服务

```
$ rossrv md5 [ 服务名称 ]
```

❏ 显示指定的工程包中用到的所有服务

```
$ rossrv package [ 工程包名称 ]
```

❑ 显示使用服务的所有工程包

```
$ rossrv packages
```

4.3.10　ROS 的其他命令

❑ 检查 ROS 日志文档的使用情况

```
$ rosclean check
```

❑ 移除对应的 log 文档

```
$ rosclean purge
```

❑ 查看 ROS 版本

```
$ rosversion -d
```

❑ 查看工程包的版本信息

```
$ rosversion [package/stack]
```

❑ 检查 ROS 系统

```
$ roswtf
```

习题

查看你的 ROS 目录里安装了哪些包，并用命令列出各个包中包含的节点、消息和服务。

第二部分

机器人核心功能的实现

通过第一部分的学习，我们已经对 ROS 机器人操作系统的使用有了初步了解，能够编写简单的 ROS 程序，并进行开发调试。在本部分，我们将利用一些比较成熟的机器人平台测试常用的机器人核心功能，比如机器人的视觉、语音交互、机械臂抓取等功能。

随着互联网技术、人工智能技术等信息技术的快速发展，机器人的开发向着开源化、模块化的方向发展。在本书中，我们将机器人的功能进行了模块化，划分为视觉功能模块、自主导航功能模块、语音交互功能模块、机械臂控制模块等。要实现机器人各个模块的功能，首先要有一个机器人平台。在本书中，我们使用 Turtlebot2 开源机器人平台。相比其他机器人平台，Turtlebot2 操作简单、可扩展性强、对 ROS 的兼容性好，特别适合搭建 ROS 测试平台。

在这个部分中，我们首先介绍 Turtlebot2 机器人平台的安装与使用方法，之后详细介绍机器人各个功能模块的实现。除了实现自主导航功能必须使用 Turtlebot2 机器人平台之外，其他功能的实现并不是必须使用 Turtlebot2 机器人平台，但是需要配置相应的功能硬件。例如，实现视觉功能时，除了需要笔记本电脑，还需要 Kinect 或者 Primesens 摄像头；实现语音功能时，需要麦克风与音响（可以使用笔记本自带的麦克风与音响）；实现机械臂的控制时，需要舵机控制器与机械臂实体等。

在第 5 章中，我们会详细介绍 Turtlebot2 机器人的使用方法，包括硬件组成与配置；接着学习如何安装与测试 Turtlebot2 软件，包括启动、键盘手动控制、脚本控制、Kobuki 电池状态监控等。最后，介绍 Turtlebot 机器人的扩展，即本书机器人各功能实现所依赖的硬件结构与软件框架。

第 6 章将介绍如何使用深度视觉传感器实现机器人视觉。首先，我们要了解常用视觉传感器 Kinect 与 Primesense 的功能及特点；接着，我们会安装并测试视觉传感器的驱动,并尝试在 ROS 中同时运行两台 Kinect,或者同时运行 Kinect 与 Primesense。我们还将学习在 ROS 中使用 OpenCV 处理 RGB 图像。最后,我们会了解点云库(PCL)及其使用方法。

第 7 章将给出机器人视觉功能的进一步介绍,我们将对机器人的视觉功能进行深入探索并实现更高级的应用。比如,让机器人跟随主人行走、识别主人的挥手召唤动作、识别并定位物体、实现人脸及性别识别,甚至可以使用 TensorFlow 库实现手写数字识别等功能。其中,部分功能的实现要使用 OpenCV 编程,有些功能需要使用 PCL。

第 8 章将介绍机器人自主导航功能。机器人的自主导航涉及机器人的定位与建图、路径规划等关键技术。针对 Turtlebot,首先要对 Kobuki 基座模型进行运动学分析,然后了解 ROS 导航功能包集的使用基础,并学习在 Turtlebot 上配置和使用导航功能包集。

第 9 章将介绍机器人语音交互功能的基础理论。机器人语音交互功能的基础理论包括自动语音识别、语义理解、语音合成等技术。其中,语音识别部分主要介绍隐马尔可夫模型、高斯混合模型、深度神经网络等声学模型与识别方法,并且介绍 N-gram、NNLM、Word2Vec 等语言模型与方法;语义理解部分则详细介绍 Seq2seq 的方法。

第 10 章将介绍机器人语音交互功能的实现。本书的例程主要使用 PocketSphinx 语音识别系统实现语音交互。本章首先介绍语音识别需要的基本硬件,然后对 PocketSphinx 语音识别系统进行介绍;之后详细介绍在 Indigo 版本下如何安装、测试 PocketSphinx,以及如何通过 ROS 话题发布语音识别的结果,以控制机器人执行相应的任务。如果使用 ROS Melodic,PocketSphinx 的安装方式会有所不同,10.4 节对此会进行说明。

第 11 章介绍机器人的机械臂抓取功能的实现,主要包括如何使用 USB2Dynamixel 控制 Turtlebot-Arm 实现一个机械臂。本章将从机械臂硬件组装、运动学分析、舵机 ID 设置等基础操作开始,指导读者搭建一个简单的机械臂,以及安装、测试 dynamixel_motor 软件包,并且在 ROS 中实现机械臂抓取功能。

## 第 5 章

机器人的安装与初步使用

我们已经对 ROS 机器人操作系统的基础框架有了初步了解，要进一步理解 ROS 系统的运行机制，最好的方法是在实体机器人上进行测试。目前，市面上大多数机器人平台价格比较昂贵，而且可扩展性参差不齐，不利于机器人爱好者、学生等群体使用。Turtlebot 是一款价格低廉、扩展性强且对 ROS 极为友好的机器人平台，本书选用 Turtlebot2 作为测试平台。Turtlebot2 是一款 ROS 官方打造的机器人平台，基于 Kobuki 基座运行，ROS 的各个版本都对该平台提供了良好的支持，本书中的例程主要在 Turtlebot2 机器人实体上运行。

本章的主要内容包括：Turtlebot2 机器人的硬件组成与配置、软件安装与测试；如何启动 Turtlebot2 机器人，如何通过键盘手动控制和脚本控制 Turtlebot2 机器人运动，以及如何监控 Kobuki 基座电池状态等；最后介绍了 Turtlebot2 机器人的扩展，即本书中机器人各功能实现依赖的硬件结构与软件框架。通过本章的学习，读者可以对 Turtlebot2 机器人有初步的了解，并能够对机器人进行简单操控；同时，可以对本书后续章节涉及的各种机器人功能实现所依赖的硬件结构与软件框架建立整体认识。

5.1 Turtlebot 机器人简介

Turtlebot 是一种价格低廉并且开源的机器人开发套件，如图 5-1 所示。Turtlebot2 是新一代的轮式开源机器人开发套件，可用它构建自己的机器人项目。Turtlebot2 具有操作简单、可扩展性强的特点，既可以作为科研机构的研发平台，又可以作为机器人技术爱好者的开发平台。ROS 系统对 Turtlebot2 硬件提供了良好的支持，可以用它很方便地实现 2D 地图导航、跟随等功能。默认情况下，本书中提到的 Turtlebot 机器

图 5-1　Turtlebot2 及其充电桩

人为 Turtlebot2 机器人。

5.2   Turtlebot 机器人硬件的组成与配置

Turtlebot 机器人的硬件如表 5-1 所示。其硬件结构如图 5-2 所示。

表 5-1   Turtlebot 的硬件列表

部　件	说　明
Kobuki 基座	2200mAh 锂电池
	19V 适配器
	USB 线
	电源线
深度相机	Microsoft Xbox Kinect / Asus Xion Pro Live
机械部件	固定件
	结构件
可选附件	4400mAh 锂电池
	自动充电桩
	与 Turtlebot 通信的笔记本电脑

图 5-2   Turtlebot 的硬件组成

Turtlebot 配有两条电缆：一条是 USB A-B 电缆，用于连接电脑；另一条是 USB 拆分器型电缆，用于连接 Kinect。将 USB 电缆的 A 侧插入笔记本电脑，B 侧插入 Kobuki 基座。接下来，将 USB 拆分器的母端插入从 Kinect 引出的电缆，将分路器的公端 USB 插入笔记本电脑，另一半插入 Kobuki 基座上的 12V 1.5A 插头，如图 5-3 所示。

电源按钮是左边的一个开关（如图 5-4 所示），开启后会有鸣叫声并且 Status LED 灯会亮。

一般来说，笔记本电脑使用自己的电源，而不是 Turtlebot 的电源。如果想要笔记本电脑能够在 Turtlebot 上即时充电，请参考 http://learn.turtlebot.com/2015/02/01/18/。

图 5-3　Kobuki 基座 USB

图 5-4　Kobuki 基座开 / 关按钮

5.3　Turtlebot 机器人软件的安装与测试

5.3.1　从源码安装

本节主要介绍从源码安装 Turtlebot 包的过程。这种安装方式的特点是，包里的源码都被安装在用户目录（~/）下，运行节点的文件在 ~/rocon、~/kobuki、~/turtlebot 相应的文件夹里，因此在运行中若要修改参数或者某个节点，可以直接在这些文件夹下找到对应的文件并进行修改。基于这一优点，推荐采用此种安装方式。

1. 安装前的准备

安装前，应运行以下命令：

```
$ sudo apt-get install python-rosdep python-wstool ros-indigo-ros
$ sudo rosdep init
$ rosdep update
```

2. 安装 rocon、kobuki、turtlebot

这三个是组合空间的关系，必须按照顺序安装。

```
$ mkdir ~/rocon
$ cd ~/rocon
$ wstool init -j5 src https://raw.github.com/robotics-in-concert/rocon/kinetic/
  rocon.rosinstall
```

```
$ source /opt/ros/indigo/setup.bash
$ rosdep install --from-paths src -i -y
$ catkin_make

$ mkdir ~/kobuki
$ cd ~/kobuki
$  wstool init src -j5 https://raw.github.com/yujinrobot/yujin_tools/master/rosinstalls/
    indigo/kobuki.rosinstall
$ source ~/rocon/devel/setup.bash
$ rosdep install --from-paths src -i -y
$ catkin_make

$ mkdir ~/turtlebot
$ cd ~/turtlebot
$  wstool init src -j5 https://raw.github.com/yujinrobot/yujin_tools/master/rosinstalls/
    indigo/turtlebot.rosinstall
$ source ~/kobuki/devel/setup.bash
$ rosdep install --from-paths src -i -y
$ catkin_make
```

从上面的安装顺序和 source 的 setup.bash 文件的次序，也可以看出这三个工作空间的层级关系。

为了方便起见，可以从 .bashrc 获得 setup.sh 脚本，这样用户登录后环境已准备就绪：

```
# For a source installation
$ echo "source ~/turtlebot/devel/setup.bash" >> ~/.bashrc
```

5.3.2　deb 安装方式

本节将介绍 deb 安装方式。这种安装方式很简单，运行 apt-get 命令就可以了，但是这样安装会导致 turtlebot 工作空间中的许多包单独存在于 /opt/ros/indigo/share 中，根本无法看出这些包之间的关系。若想单独运行一个节点却不记得节点的名字时，也无法根据代码找到这个节点，因为在 /opt/ros/indigo/share 文件夹下有无数个包，我们根本无法找到节点。

因此，对于想理解 ROS 的工作空间中的包之间的关系、launch 文件启动哪些节点、如何编写自己的节点和 launch 文件的初学者，不建议以 deb 方式安装 turtlebot 包。

实际上，deb 安装方式就是 apt-get 的安装方式，命令如下：

```
$ sudo apt-get install ros-indigo-turtlebot ros-indigo-turtlebot-apps ros-indigo-
    turtlebot-interactions ros-indigo-turtlebot-simulator ros-indigo-kobuki-ftdi ros-
    indigo-rocon-remocon ros-indigo-rocon-qt-library ros-indigo-ar-track-alvar-msgs
```

如果你只是想使用一下 turtlebot 里的某些包而不关心代码，那么运行上面这行命令就行了。

为了方便起见，可以从 .bashrc 获得 setup.sh 脚本，这样登录后环境已就绪：

```
# For a source installation
> echo "source ~/turtlebot/devel/setup.bash" >> ~/.bashrc
```

5.3.3   按照 Kobuki 基座进行配置

1. 设置 Kobuki 别名

Turtlebot2 使用的 Kobuki 基座需要给系统传送一个 udev 规则，使系统能检测到内置的 ftdi USB 芯片，以便系统可以读取 /dev/kobuki 设备，而不是不可靠的 /dev/ttyUSBx 设备。

如果是以源码方式安装的，运行以下命令：

```
# From the devel space
> . ~/turtlebot/devel/setup.bash
> rosrun kobuki_ftdi create_udev_rules
```

如果是以 deb 方式安装的，运行以下命令：

```
> . /opt/ros/indigo/setup.bash
> rosrun kobuki_ftdi create_udev_rules
```

2. 可选 3D 传感器配置

默认情况下，Turtlebot Indigo 软件与 Asus Xtion Pro 配合使用。如果有 Kinect、Realsense 或 Orbbec Astra 相机，但是它们并没有被配置为由 Turtlebot 使用，那么需要按照以下说明进行设置。这部分的设置分为两种情况，需要根据安装方式自行选择。

如果是以源码方式安装的，应运行以下命令：

```
>echo "export TURTLEBOT_3D_SENSOR=<sensor_name>" >> ~/turtlebot/devel/setup.sh
> source ~/turtlebot/devel/setup.bash
```

这里，应把 <sensor_name> 替换为对应的相机名称，比如 kinect、r200 或 astra。

如果是以 deb 方式安装的，应运行以下命令：

```
> export TURTLEBOT_3D_SENSOR=<sensor_name>
```

同样地，上面的 <sensor_name> 应替换为对应的相机名称，比如 kinect、r200、或 astra。为了方便，也可以把这条指令添加到系统 ~/.bashrc 文件或工作空间的 setup.sh 中。

运行这些指令前需要确保系统已经加载了正确的机器人描述细节和驱动程序（Indigo、Kinect 和 Asus 需要不同的驱动程序），并确保在运行时调用适当的 ROS 启动文件。

对于 Kinect，首先需要在 Ubuntu 上安装 OpenNI SDK 和 Kinect 传感器模块；对于 Asus Xtion Pro，需要安装 OpenNI2 SDK，安装配置方法请参考 6.2 节。

5.4 启动 Turtlebot

在启动 Turtlebot 前，应将笔记本电脑与 Turtlebot 用 USB 电缆连接。按下基座的电源按钮。在 Ubuntu 中打开一个新终端，输入以下命令：

```
$ roslaunch turtlebot_bringup minimal.launch --screen
```

启动成功后，Turtlebot 会有鸣叫声并且 Status LED 绿灯会亮起。

如果启动失败，可能出现错误提示。常见的错误提示及原因说明如下。

❑ Already Launched

minimal.launch 可能已经启动了。

❑ Kobuki does not start

如果收到以下警告：

```
[ WARN] [1426225321.364907925]: Kobuki : device does not (yet) available, is the
    usb connected?.
[ WARN] [1426225321.615097034]: Kobuki : no data stream, is kobuki turned on?
```

显而易见，需要确保已开启了 Kobuki（Kobuki 上的 LED 灯亮起表示处于开启状态），并且电缆已插入笔记本电脑。如果这两项工作已经完成，那么检查一下系统是否在 /dev/kobuki 应用了 udev 规则。检查命令如下：

```
$ ls -n /dev | grep kobuki
```

如果不存在，请运行以下脚本来复制整个 udev 规则并重新启动 udev（需要用到 sudo 密码）：

```
rosrun kobuki_ftdi create_udev_rules
```

❑ Trying to start Kobuki, not Create

如果使用的是 Create 平台，确保预先设置适当的环境变量。

❑ Serial Port - Permission Denied

将用户添加到 dialout group。这通常只影响 Create 平台的用户，/dev/ttyUSBx 端口要求用户位于 dialout group 中。如果用户不在此群中，则 Turtlebot 将在拒绝许可的情况下失败。将你的用户添加到此组的命令：

```
sudo adduser username dialout
```

❑ Netbook suspended or powered off when lid was closed

转到笔记本电脑左上角的 dash 并键入 power，然后单击 power settings 图标。在使用交流电和电池运行时，将其设置为在关闭笔记本电脑盖时不执行任何操作。

5.5   通过键盘手动控制 Turtlebot

键盘和操纵杆是实现手动操作的两种途径。本书中只介绍使用键盘控制 Turtlebot 的方法。如果要了解操纵杆远程操作的方法，请参考 http://learn.turtlebot. com/2015/02/01/9/，或者 http://wiki.ros.org/turtlebot_teleop/Tutorials/indigo/ Joystick%20Teleop。

首先，我们需要启动 Turtlebot 来接收命令：

```
$ roslaunch turtlebot_bringup minimal.lauch
```

要使用键盘进行操作，需要在新终端运行以下命令：

```
$ roslaunch turtlebot_teleop keyboard_teleop.launch
```

终端会显示键盘命令，用于手动控制机器人的位置、旋转等，如图 5-5 所示。

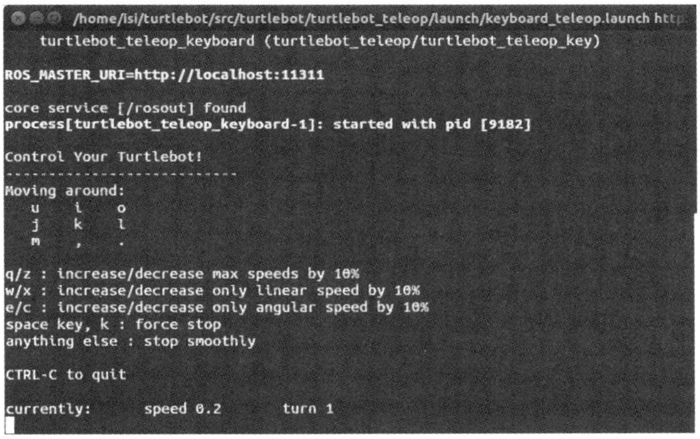

图 5-5   通过键盘控制 Turtlebot

5.6   通过脚本控制 Turtlebot

首先，在本书资源包中找到 /turtlebot_hello 文件夹，拷贝到 ~/，或者用以下命令下载 GitHub 上的脚本示例：

```
$ mkdir ~/turtlebot_hello
$ cd ~/turtlebot_hello
$ git clone https://github.com/markwsilliman/turtlebot/
```

要用上面下载的 Python 脚本控制 Turtlebot，需要先启动 Turtlebot：

```
$ roslaunch turtlebot_bringup minimal.launch
```

1）如果要让机器人直行，在新终端输入以下命令：

```
$ cd ~/turtleBot_hello/turtlebot
$ python goforward.py
```

现在 Turtlebot 就可以前行了，按 Ctrl+c 可以停止前行。

2）如果要让机器人转圈，可在新终端输入以下命令：

```
$ cd ~/turtleBot_hello/turtlebot
$ python goincircles.py
```

现在 Turtlebot 就可以转圈了，按 Ctrl+c 可以停止转圈。

我们可以通过 gedit 命令查看 / 编辑脚本，并可以通过修改 linear.x 和 angular.z 变量改变速度和角速度。

注意：Turtlebot 只使用 linear.x 和 angular.z，因为它在平面（2D）世界中工作，但对于无人机、海洋机器人和其他处于 3D 环境的机器人，可以使用 Linear.y、Angular.x 和 Angular.y。

3）如果希望机器人的行走轨迹为一个正方形，在新终端输入以下命令：

```
$ cd ~/turtleBot_hello/turtlebot
$ python draw_a_square.py
```

现在，Turtlebot 开始在地板上沿一个正方形路线移动，但它会偏离起点，这是因为滑动、不完善的校准以及其他因素导致机器人不能足够精准地移动。

5.7 监控 Kobuki 的电池状态

首先，启动 Turtlebot，命令如下：

```
roslaunch turtlebot_bringup minimal.launch
```

如果要监控 Kobuki 的电池状态，在新终端输入以下命令：

```
$ cd ~/turtleBot_hello/turtlebot
$ python kobuki_battery.py
```

Kobuki 基座使用多个电池，功率百分比是在 kobuki_battery.py 中使用固定的 kobuki_base_max_charge 值计算的。要确定电池的最大电量，需将 Turtlebot 电池充满，放置一段时间，然后运行以下命令：

```
rostopic echo /mobile_base/sensors/core
```

记录电池的值，然后进入 turtlebot_hello 下的 turtlebot 文件夹，编辑 kobuki_battery.py，命令如下：

```
gedit kobuki_battery.py
```

修改 kobuki_base_max_charge 值，现在会计算电量百分比，如图 5-6 所示：

在 turtlebot_hello 文件夹里还有其他程序，感兴趣的读者可以参考 http://learn.turtlebot.com/ 逐一进行尝试。

```
isi@isi: ~/turtlebot_hello/turtlebot
[INFO] [WallTime: 1551603424.743047] Not charging at docking station
[INFO] [WallTime: 1551603424.761432] Kobuki's battery is now: 94.0%
[INFO] [WallTime: 1551603424.762671] Not charging at docking station
[INFO] [WallTime: 1551603424.788600] Kobuki's battery is now: 94.0%
[INFO] [WallTime: 1551603424.781917] Not charging at docking station
[INFO] [WallTime: 1551603424.800554] Kobuki's battery is now: 94.0%
[INFO] [WallTime: 1551603424.801997] Not charging at docking station
[INFO] [WallTime: 1551603424.820944] Kobuki's battery is now: 94.0%
[INFO] [WallTime: 1551603424.822779] Not charging at docking station
[INFO] [WallTime: 1551603424.840286] Kobuki's battery is now: 94.0%
[INFO] [WallTime: 1551603424.841360] Not charging at docking station
[INFO] [WallTime: 1551603424.861442] Kobuki's battery is now: 94.0%
[INFO] [WallTime: 1551603424.863451] Not charging at docking station
[INFO] [WallTime: 1551603424.880625] Kobuki's battery is now: 94.0%
[INFO] [WallTime: 1551603424.883078] Not charging at docking station
[INFO] [WallTime: 1551603424.900512] Kobuki's battery is now: 94.0%
[INFO] [WallTime: 1551603424.902256] Not charging at docking station
[INFO] [WallTime: 1551603424.920246] Kobuki's battery is now: 94.0%
[INFO] [WallTime: 1551603424.921313] Not charging at docking station
[INFO] [WallTime: 1551603424.940226] Kobuki's battery is now: 94.0%
[INFO] [WallTime: 1551603424.941417] Not charging at docking station
[INFO] [WallTime: 1551603424.961174] Kobuki's battery is now: 94.0%
[INFO] [WallTime: 1551603424.962585] Not charging at docking station
[INFO] [WallTime: 1551603424.980366] Kobuki's battery is now: 94.0%
```

图 5-6　监控 Kobuki 电池状态

5.8　Turtlebot 机器人的扩展

　　本书中机器人的各种功能实现所依赖的硬件结构与软件框架是基于 Turtlebot 机器人设计实现的。本书中的案例机器人可实现自主导航、语音识别、跟随、图像识别（人脸识别、挥手识别、性别识别）、视觉伺服等功能，具有结构紧凑、轻便、开源、智能、人性化等特点。图 5-7 展示了本书要带领大家设计、开发的智能家庭服务机器人的硬件结构图。

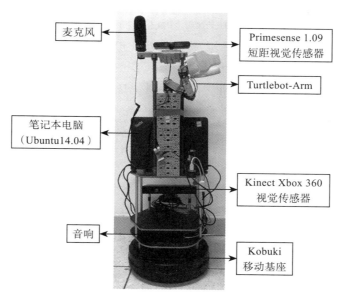

图 5-7　基于 ROS 开发的智能家庭服务机器人的硬件结构

　　智能服务机器人各功能实现所依赖的硬件结构主要包括以下部分。

　　1）**移动基座**：使用 Turtlebot 的 Kobuki 两轮差动基座，它有前后两个从动轮，可以实现机器人稳定移动。

2）**语音系统**：通过麦克风接收声音信号，通过音响发出声音，并利用语音识别技术获取主人意图并发送给其他功能程序以执行任务。

3）**双 RGBD 摄像头**：考虑到要识别的物体与人脸可能位置较高，而家庭环境中常见的障碍物一般位于较低的位置，因此本书设计的智能家庭服务机器人同时使用两台 RGBD 摄像头，上部通过 Primesense RGBD 摄像头实现跟随、人脸识别、挥手识别、物体识别等功能，底部通过 Kinect RGBD 摄像头实现自主导航功能。由于使用 ROS 的分布式架构，两个摄像头可以各司其职、互不影响，增大了图像识别的空间范围，跟随与自主导航避障的效果较好，为机器人提供了强大的视觉系统。

4）**机械臂**：机器人胸前的 Turtlebot-Arm 机械臂由 5 个 Dynamixel AX-12A 舵机以及若干 3D 打印结构组件构成。机械臂可以根据物体坐标，通过逆运动学运算进行抓取操作，或者根据需要完成一些动作。

5）**计算机**：我们使用 ThinkPad E460 笔记本电脑，安装 Ubuntu14.04 LTS 系统，使用的 ROS 版本为 Indigo。

ROS 对机器人的硬件进行封装，实现不同的硬件控制或者数据流处理，通过一种基于 ROS 的点对点的通信机制进行信息交互，使机器人各模块更高效、灵活地工作，如图 5-8a 所示。在本书的机器人设计中，硬件系统主要有 Kobuki 移动基座、Kinect 视觉传感器、Primesense 视觉传感器、Turtlebot-Arm 机械臂以及语音采集设备，硬件的控制、数据流、处理结果等信号主要通过节点与话题实现交互。为便于分享和发布，各进程按照功能包（Package）或者功能包集（Stack）分组。在本书中主要设计了导航功能包集、人脸识别功能包、物体识别功能包、基于深度信息跟随的功能包、机械臂抓取控制功能包、语音识别功能包等。机器人各功能包通过运行时的进程（节点）与话题进行信息传递，从而实现机器人各功能部分协同操作，如图 5-8b 所示。

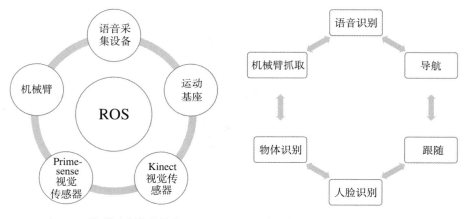

a）ROS 对机器人硬件的封装　　　　b）各功能包通过节点与话题进行信息传递

图 5-8　机器人软件架构设计

本章介绍了 Turtlebot 机器人平台的软件、硬件以及基本使用方法。通过本章的介绍，我们对接下来要使用的机器人平台有了大体的了解，有助于理解后面章节不同功能的实现以及各种传感器、机械臂等硬件的使用方法。

习题

依次运行 turtlebot_hello 文件夹里的程序，查看运行效果。

参考文献

[1]　IMYUNE. ROS 机器人 [EB/OL]. http://turtlebot.imyune.com/.

[2]　Learn TurtleBot and ROS. Hardware Setup [EB/OL]. http://learn.turtlebot.com/2015/02/01/3/.

[3]　维基百科.ROS:PCInstallation[EB/OL]. http://wiki.ros.org/turtlebot/Tutorials/indigo/PC%20 Installation.

[4]　维基百科.ROS:turtlebot Bringup[EB/OL]. http://wiki.ros.org/turtlebot_bringup/Tutorials/indigo/ Turtlebot%20Bringup.

[5]　Learn TurtleBot and ROS. Writing Your First Script [EB/OL]. http://learn.turtlebot.com/2015/ 02/01/10/.

第 6 章

机器人视觉功能的实现

机器人视觉依靠相应的视觉传感器实现，常用的传感器就是具有图像功能的摄像头。为了实现立体视觉，还需要具有深度信息感知功能的摄像头。本书的机器人视觉系统采用双 RGBD 视觉传感器的设计，上部使用 Primesense RGBD 摄像头实现跟随、人脸识别、挥手识别、物体识别等功能，下部使用 Kinect RGBD 摄像头实现自主导航功能。

本章主要介绍在 ROS 系统中如何使用 Kinect 和 Primesense 摄像头实现视觉功能。首先，我们介绍视觉传感器 Kinect 与 Primesense 的特点及用途；接着我们学习这两种传感器的驱动程序的安装与测试方法；然后尝试如何在 ROS 中同时运行两台 Kinect，以及如何同时运行 Kinect 与 Primesense、如何在 ROS 中使用 OpenCV 处理 RGB 图像；最后介绍点云库（PCL）及其使用方法。

通过本章的学习与实践，读者应该对 Kinect 与 Primesense 有初步的认识，并能够实现两台传感器同时运行。另外，读者应该能够在 ROS 中使用 OpenCV 处理 RGB 图像，并能够使用 PCL 进行点云数据处理。这些知识是后续实现机器人自主导航、跟随、人脸和物体识别的基础，需要熟练掌握。

6.1 视觉传感器

视觉传感器的主要功能包括图像采集、图像处理、图像识别（人脸识别、挥手识别、物体识别）和视觉伺服等。服务机器人的视觉传感器还需要具有获得深度信息的功能，常使用的 RGBD 摄像头有 Kinect、Primesense、Astra 等，它们工作原理基本相同，价格低廉，非常适合开发机器人视觉功能。本节将介绍两种常用的视觉传感器——Kinect 视觉传感器和 Primesense 视觉传感器。

6.1.1 Kinect 视觉传感器

微软的 Kinect 是一种常用的视觉传感器。以 Kinect Xbox 360 为例，它配备了 RGB 摄像头、深度传感器和麦克风阵列，中间的镜头是一个 RGB 摄像头。深度传感器由左侧的红外激光投影仪和右侧的单色 CMOS 深度传感器组成，可以在任何光照条件下捕捉 3D 视频数据，如图 6-1 所示。红外发射器发射红外线，触碰到物体后反射到红外接收器。Kinect Xbox 360 采用光编码（Light Coding）测量技术，当物体反射红外线时，光的结构会随物体距离的变化而变化，红外线接收器根据不同光的结构解析、计算出物体的距离。

　　Kinect 的各种传感器根据分辨率以 9 ～ 30Hz 的帧速率输出视频。默认的 RGB 视频流使用 8 位 VGA 分辨率（640×480 像素）和贝叶斯颜色滤波器，但硬件支持的分辨率高达 1280×1024 像素（以较低的帧速率）和其他颜色格式，如 UYVY。单色 CMOS 深度传感器视频流使用 VGA 分辨率（640×480 像素）11 位深度，并提供 2048 级灵敏度。Kinect 深度传感器的实际应用范围为 1.2 ～ 3.5m。Kinect 传感器具有水平 57° 和垂直 43° 的角视场，中间转动轴能够向上或向下使传感器倾斜达 27°。

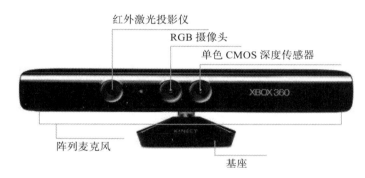

图 6-1　Kinect Xbox 360 摄像头

6.1.2　Primesense 视觉传感器

　　服务机器人的视觉识别系统经常采用的另一种视觉传感器是 Primesense 1.09 RGBD 视觉传感器，如图 6-2 所示，主要用于跟随、挥手识别、人脸识别、物体识别等功能的实现。Primesense 1.09 与 Kinect 类似，可以提供 RGB 摄像头、深度传感器和麦克风阵列，并且支持 USB 供电，但是体积更加小巧、重量更轻，便于集成在机器人的顶部。该传感器左侧为红外光源，中间为深度 CMOS 图像传感器，右侧为 RGB 摄像头。Primesense 1.09 提供 16 位 VGA（640×480 像素）的 RGB 视频流和深度视频流，采用**光编码**（Light Coding）的测量技术，其测距距离较小，为 0.35 ～ 1.4m，适合近景识别。

　　表 6-1 给出了 Primesense 1.09 与 Kinect Xbox 360 的属性参数对比。可以看出，Primesense 1.09 相比 Kinect Xbox 360 有如下特点：

　　1）Primesense 1.09 由于体积小巧、重量轻，便于集成在机器人的顶部，减轻机器人的基座运动负担。

　　2）使用 Primesense 1.09 短距摄像头可以在邻域中进行物体检测、识别，从而规避了家庭环境的复杂背景给物体识别带来的影响，提高识别准确率。

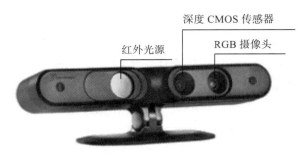

图 6-2　Pimesense 1.09 RGBD 视觉传感器

3）Primesense 1.09 需要为机械臂提供待抓取物体的空间坐标，为机械臂的 "抓" 和 "放" 进行视觉伺服。由于本书中机器人的机械臂比较短，为配合机械臂的工作空间，只有使用短距深度摄像头才能满足要求。

综上，一般在 1m 以内的短距离识别场景中适合选用 Primesense 近景摄像头，比如跟随、人脸识别、物体识别等场景；2 ～ 5m 范围的稍远场景适合采用 Kinect 摄像头，比如导航等场景。

表 6-1　Primesense 1.09 与 Kinect Xbox 360 的属性参数对比表

属　性	Primesense 1.09	Kinect Xbox 360
体积（不包含基座）	18cm × 2.5cm × 3.5cm	28cm × 4cm × 6cm
视觉系统	深度 +RGB 摄像头	深度 +RGB 摄像头
测距技术	光编码技术	光编码技术
音频系统	麦克风阵列	麦克风阵列
电源 / 接口	USB2.0/3.0	外接电源 +USB2.0
测距距离	0.35 ～ 1.4m	1.2 ～ 3.5m

6.2　驱动程序的安装与测试

1. 安装 openni 和 freenect 驱动

安装 openni 和 freenect 驱动的命令如下：

```
$ sudo apt-get install ros-indigo-openni-* ros-indigo-openni2-* ros-indigo-
    freenect-*
$ rospack profile
```

2. 设置环境变量

首先，检查 Turtlebot 默认的 3D 传感器的环境变量和确定输出，命令如下：

```
$ echo $TURTLEBOT_3D_SENSOR
#Output: kinect
```

如果是其他 3D 传感器，例如 Output 输出为 asus_xtion_pro，就需要设置环境变量的默认值。运行如下命令，把 TURTLEBOT_3D_SENSOR 改成 kinect，并重新启动终端：

```
$ echo "export TURTLEBOT_3D_SENSOR=kinect" >> .bashrc
```

3. 启动相机

在 Turtlebot 终端执行以下命令：

```
$ roslaunch turtlebot_bringup minimal.launch
```

在 Turtlebot 中，新开终端，根据不同的版本输入不同的命令。

1）针对 Microsoft Kinect，输入以下命令：

```
$ roslaunch freenect_launch freenect-registered-xyzrgb.launch
```

若为 Microsoft Kinect 旧版本，输入以下命令：

```
$ roslaunch freenect_launch freenect.launch
$ roslaunch openni_launch openni.launch
```

2）针对 Asus Xtion/Xtion Pro/Primesense 1.08/1.09 摄像头，输入以下命令：

```
$ roslaunch openni2_launch openni2.launch depth_registration:=true
```

4. 测试相机

测试相机是否能够显示图像，打开终端执行以下命令：

```
$ rosrun image_view image_view image:=/camera/rgb/image_raw
```

6.3　同时运行两台 Kinect

1. 运行环境

在实现两台 Kinect 同时运行前，需要准备以下运行环境：Kinect Xbox、Ubuntu14.04、ROS Indigo、ThinkPad（具备 2 个以上 USB BUS，不是 PORT）。

2. 实现步骤

首先，输入以下命令：

```
$ lsusb
```

终端窗口会输出以下结果：

```
Bus 002 Device 001: ID 1d6b:0003 Linux Foundation 3.0 root hub
Bus 001 Device 004: ID 04f2:b541 Chicony Electronics Co., Ltd
Bus 001 Device 003: ID 8087:0a2a Intel Corp.
Bus 001 Device 010: ID 045e:02ae Microsoft Corp. Xbox NUI Camera
Bus 001 Device 008: ID 045e:02b0 Microsoft Corp. Xbox NUI Motor
Bus 001 Device 009: ID 045e:02ad Microsoft Corp. Xbox NUI Audio
Bus 001 Device 007: ID 0409:005a NEC Corp. HighSpeed Hub
Bus 001 Device 002: ID 17ef:6050 Lenovo
Bus 001 Device 014: ID 045e:02ae Microsoft Corp. Xbox NUI Camera
Bus 001 Device 012: ID 045e:02b0 Microsoft Corp. Xbox NUI Motor
Bus 001 Device 013: ID 045e:02ad Microsoft Corp. Xbox NUI Audio
```

```
Bus 001 Device 011: ID 0409:005a NEC Corp. HighSpeed Hub
Bus 001 Device 001: ID 1d6b:0002 Linux Foundation 2.0 root hub
```

从输出结果看，有两个 Xbox 设备。输入以下命令：

```
$locate freenect.launch
```

得到文件 freenect.launch 的位置，一般在 /opt/ros/indigo/share/freenect_launch/launch/
freenect.launch 中。

```
$ cd /opt/ros/indigo/share/freenect_launch/launch/
```

然后，我们需要自己写一个 launch 文件：

```
$ sudo gedit doublekinect_test.launch
```

文件内容如下：

```
<launch>
<!-- Parameters possible to change-->
<arg name="camera1_id" default="#1" /><!--here you can change 1@0 by the serial
    number -->
<arg name="camera2_id" default="#2" /><!--here you can change 2@0 by the number -->
<!--arg name="camera1_id" default="B00366600710131B" /--><!--here you can change
    1@0 by the serial number -->
<!--arg name="camera2_id" default="B00364210621048B" /--><!--here you can change
    2@0 by the serial number -->
<!--arg name="camera3_id" default="#3" /--><!--here you can change 3@0 by the
    serial number -->
<arg name="depth_registration" default="true"/>

<!-- Default parameters-->
<arg name="camera1_name" default="kinect1" />
<arg name="camera2_name" default="kinect2" />
<!--arg name="camera3_name" default="kinect3" /-->

<!-- Putting the time back to realtime-->
<rosparam>
/use_sim_time : false
</rosparam>

<!-- Launching first kinect-->
<include file="$(find freenect_launch)/launch/freenect.launch">
<arg name="device_id" value="$(arg camera1_id)"/>
<arg name="camera" value="$(arg camera1_name)"/>
<arg name="depth_registration" value="$(arg depth_registration)" />
<node name="rviz" pkg="rviz" type="rviz"/>
</include>
<!-- Launching second kinect-->
<include file="$(find freenect_launch)/launch/freenect.launch">
<arg name="device_id" value="$(arg camera2_id)"/>
<arg name="camera" value="$(arg camera2_name)"/>
```

```
<arg name="depth_registration" value="$(arg depth_registration)" />
<node name="rviz" pkg="rviz" type="rviz"/>
</include>
<!-- Launching third kinect-->
<!--include file="$(find openni_launch)/launch/openni.launch"-->
<!--arg name="device_id" value="$(arg camera3_id)"/-->
<!--arg name="camera" value="$(arg camera3_name)"/-->
<!--arg name="depth_registration" value="$(arg depth_registration)" /-->
<!--/include-->
</launch>
```

保存结果。

注意：<!-- --> 之间是注释信息，可忽略。

如果电脑配置了多个 USB BUS，就可以连接 3 个甚至更多个 Kinect。

3. 测试

首先，打开终端，运行以下命令：

```
$roslaunch freenect_launchdoublekinect_test.launch
```

再打开一个终端，运行以下命令：

```
$rosrun image_view image_view image:=/kinect1/rgb/image_color
```

这时会出现第一台 Kinect 的深度图。再打开一个终端，运行以下命令：

```
$ rosrun image_view image_view image:=/kinect2/rgb/image_color
```

这时会出现第二台 Kinect 的深度图，如图 6-3 所示。可见，同时运行两台 Kinect 成功。

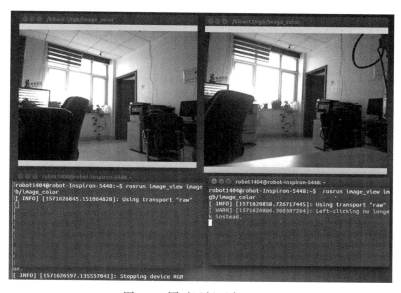

图 6-3　同时运行两台 Kinect

6.4　同时运行 Kinect 与 Primesense

要同时运行 Kinect 与 Primesense，需准备以下环境：

Kinect Xbox、Ubuntu14.04、ROS Indigo、ThinkPad（具备 2 个以上 USB BUS，不是 PORT）。

接下来，输入以下命令：

```
$ sudo -s
```

否则会出现以下警告：

```
Warning: USB events thread - failed to set priority. This might cause loss of
    data...
```

然后运行 Primesense，命令如下：

```
$ roslaunch openni2_launch openni2.launch camera:=camera1
```

或者修改 openni2.launch 文件中的 camera 参数，并将其另存为一个新文件 primesense_test.launch。也就是说，将

```
<arg name="camera" default="camera"/>
```

修改为：

```
  <arg name="camera" default="camera1"/>
$ roslaunch openni2_launch primesense_test.launch
```

打开新终端，运行 Kinect：

```
$ roslaunch freenect_launch freenect.launch
```

这时，可以看到 Kinect 和 Primesense 同时运行成功。

注意：这里要先启动 Primesense。

6.5　在 ROS 中使用 OpenCV 处理 RGB 图像

6.5.1　在 ROS 中安装 OpenCV

OpenCV（Open Source Computer Vision Library）是一个跨平台的计算机开源视觉库，它实现了图像处理和计算机视觉领域的很多通用算法。OpenCV 提供了大量的图像处理功能，包括图像显示、像素操作、目标检测等，大大简化了开发过程。

ROS 一般会附带最新稳定版的 OpenCV，可以通过命令 pkg-config --modversion opencv 查看 OpenCV 的版本。如图 6-4 所示，在 ROS Indigo 上查询到 OpenCV 的版本是 2.4.8。ROS Kinetic 之后的版本一般安装会默认 OpenCV3，

但是 OpenCV3 未打包到 debian/ubuntu 中。

图 6-4 查询 OpenCV 版本

ROS Indigo 自带 OpenCV2，Indigo 之后的 ROS 带有 OpenCV 包，可以在 Ubuntu 软件中心搜索 OpenCV3 安装，也可以通过以下命令安装：

```
$ sudo apt-get install ros-indigo-opencv3
```

6.5.2 在 ROS 代码中使用 OpenCV

OpenCV2 是 Indigo 和 Jade 支持的官方版本。要使用它，只需在 CMakeLists.txt 中添加对 OpenCV2 的依赖项并设置 find_package 项，就像对其他第三方软件包一样。

```
find_package(OpenCV)
  include_directories(${OpenCV_INCLUDE_DIRS})
  target_link_libraries(my_awesome_library ${OpenCV_LIBRARIES})
```

我们也可以使用 OpenCV3。在这种情况下，需要向 OpenCV3 添加依赖项。但要确保所有依赖项都不依赖于 OpenCV2（因为同时链接到 OpenCV 的两个版本会产生冲突）。

如果已安装了 OpenCV2 和 ROS OpenCV3，find_package 首先会找到 OpenCV3。在这种情况下，如果想使用 OpenCV2 进行编译，请按以下方式设置 find_package：

```
find_package(OpenCV 2 REQUIRED)
```

6.5.3 理解 ROS-OpenCV 转换架构

ROS 以 sensor_msgs/Image 消息格式传输图像，但用户更希望通过数据类型或对象来操作图像数据，OpenCV 就是最常用的库。在 OpenCV 中，图像以 Mat 矩阵的形式存储，不同于 ROS 定义的图像消息格式，所以我们需要利用 CvBridge 将这两种不同的格式联系起来。CvBridge 是一个 ROS 库，它提供了 ROS 和 OpenCV

之间的接口。ROS 和 OpenCV 的转换架构如图 6-5 所示。

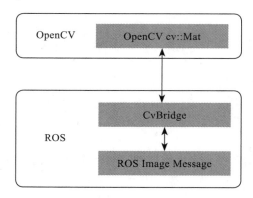

图 6-5　ROS-OpenCV 转换架构

接下来，我们以 C++ 语言为例，详细介绍 ROS 与 OpenCV 的转换。若使用其他语言或平台，请参考 http://wiki.ros.org/cv_bridge/Tutorials。

1. 把 ROS 图像转换成 OpenCV 图像

CvBridge 定义了一个包含 OpenCV 图像变量及其编码变量、ROS 图像 header 变量的 CvImage 类。CvImage 又包含 sensor_msgs/Image 的信息，可以在它们之间转换。CvImage 类定义如下：

```
namespace cv_bridge {

class CvImage
{
public:
  std_msgs::Header header;//ROS 图像 Header 变量
  std::string encoding;//OpenCV 图像编码变量
  cv::Mat image;//OpenCV 图像变量
};

typedef boost::shared_ptr<CvImage> CvImagePtr;
typedef boost::shared_ptr<CvImage const> CvImageConstPtr;

}
```

当把 ROS sensor_msgs / Image 消息转换为 CvImage 时，CvBridge 会识别两个不同的用例：

1）我们想要就地修改数据，那么必须复制 ROS 消息数据。

2）我们不想修改数据，那么可以安全地共享 ROS 消息所拥有的数据，而不是复制。

CvBridge 提供以下用于转换为 CvImage 的函数：

```
// 情形 1：总是 copy，返回变量类型的 CvImage
CvImagePtr toCvCopy(const sensor_msgs::ImageConstPtr& source,
```

```
                           const std::string& encoding = std::string());
CvImagePtr toCvCopy(const sensor_msgs::Image& source,
                           const std::string& encoding = std::string());

// 情形 2: 尽可能共享, 返回常量类型的 CvImage
CvImageConstPtr toCvShare(const sensor_msgs::ImageConstPtr& source,
                           const std::string& encoding = std::string());
CvImageConstPtr toCvShare(const sensor_msgs::Image& source,
                           const boost::shared_ptr<void const>& tracked_object,
                           const std::string& encoding = std::string());
```

输入是图像的消息指针, 以及一个可选的编码参数。编码是指定的 CvImage。

toCvCopy 从 ROS 消息创建图像数据的副本, 即使源和目标编码匹配。但是, 我们可以自由修改返回的 CvImage。

如果源和目标编码匹配, toCvShare 将把返回的 cv::Mat 指向 ROS 消息数据, 避免复制。只要保存一份返回的 CvImage 的副本, 就不会释放 ROS 消息数据。如果编码不匹配, 它将分配一个新的缓冲区并执行转换。不允许修改返回的 CvImage, 因为它可能与 ROS 图像消息共享数据, 而 ROS 图像消息又可能与其他回调共享数据。

注意: 当有指向包含要转换的 sensor_msgs/Image 的其他消息类型（例如 stereo_msgs/DisparityImage）的指针时, 利用 toCvShare 的第二个重载函数更为方便。

如果没有提供编码（或者更确切地说, 是空字符串）, 则目标图像编码将与图像消息编码相同。在这种情况下, toCvShare 保证不会复制图像数据。

关于以上函数的详细解析以及图像编码问题, 请参考 http://wiki.ros.org/cv_bridge/Tutorials/UsingCvBridgeToConvertBetweenROSImagesAndOpenCVImages。

2. OpenCV 图像转换为 ROS 图像消息

我们可以使用 toImageMsg() 成员函数将 CvImage 转换为 ROS 图像消息, 方法如下:

```
class CvImage
{
  sensor_msgs::ImagePtr toImageMsg() const;

  // 重载主要用于包含成员 sensor msgs::image 的聚合消息。
  void toImageMsg(sensor_msgs::Image& ros_image) const;
};
```

如果 CvImage 是用户自己分配的, 那么不要忘记填写 header 和 encoding 字段。关于分配 CvImage 的实例的方法, 请参阅以下教程: http://wiki.ros.org/image_transport/Tutorials/PublishingImages（发布图像）; http://wiki.ros.org/image_transport/Tutorials/SubscribingToImages（订阅图像）; http://wiki.ros.org/image_transport/

Tutorials/ExaminingImagePublisherSubscriber（运行图像发布器和接收服务器）。

6.5.4　ROS 节点示例

本节将展示一个节点的示例。该节点监听 ROS 图像消息话题，将该图像转换为 cv::Mat 格式，然后使用 OpenCV 在图像上画一个圆并显示出来。之后该图像将在 ROS 中重新发布。

1. 创建图像处理的工程包

首先，如果已经创建好工程包，需要在 package.xml 和 CMakeLists.xml 中添加以下依赖项：

```
sensor_msgs
cv_bridge
roscpp
std_msgs
image_transport
```

或者使用 catkin_create_pkg 创建工程包：

```
$ cd ~/robook_ws/src
$ catkin_create_pkg ch6_opencv sensor_msgs cv_bridge roscpp std_msgs image_
  transport
```

2. 编辑节点

在 ch6_opencv/src 文件夹中创建 image_converter.cpp 文件，并添加以下内容：

```
 1 #include <ros/ros.h>
 2 #include <image_transport/image_transport.h>
 3 #include <cv_bridge/cv_bridge.h>
 4 #include <sensor_msgs/image_encodings.h>
 5 #include <opencv2/imgproc/imgproc.hpp>
 6 #include <opencv2/highgui/highgui.hpp>
 7
 8 static const std::string OPENCV_WINDOW = "Image window";
 9
10 class ImageConverter
11 {
12   ros::NodeHandle nh_;
13   image_transport::ImageTransport it_;
14   image_transport::Subscriber image_sub_;
15   image_transport::Publisher image_pub_;
16
17 public:
18   ImageConverter()
19     : it_(nh_)
20   {
21     // Subscrive to input video feed and publish output video feed
22     image_sub_ = it_.subscribe("/camera/rgb/image_color", 1,
```

```
23        &ImageConverter::imageCb, this);
24     image_pub_ = it_.advertise("/image_converter/output_video", 1);
25
26     cv::namedWindow(OPENCV_WINDOW);
27   }
28
29   ~ImageConverter()
30   {
31     cv::destroyWindow(OPENCV_WINDOW);
32   }
33
34   void imageCb(const sensor_msgs::ImageConstPtr& msg)
35   {
36     cv_bridge::CvImagePtr cv_ptr;
37     try
38     {
39       cv_ptr = cv_bridge::toCvCopy(msg, sensor_msgs::image_encodings::BGR8);
40     }
41     catch (cv_bridge::Exception& e)
42     {
43       ROS_ERROR("cv_bridge exception: %s", e.what());
44       return;
45     }
46
47     // Draw an example circle on the video stream
48     if (cv_ptr->image.rows > 60 && cv_ptr->image.cols > 60)
49       cv::circle(cv_ptr->image, cv::Point(50, 50), 10, CV_RGB(255,0,0));
50
51     // Update GUI Window
52     cv::imshow(OPENCV_WINDOW, cv_ptr->image);
53     cv::waitKey(3);
54
55     // Output modified video stream
56     image_pub_.publish(cv_ptr->toImageMsg());
57   }
58 };
59
60 int main(int argc, char** argv)
61 {
62   ros::init(argc, argv, "image_converter");
63   ImageConverter ic;
64   ros::spin();
65   return 0;
66 }
```

我们来分析以上节点的代码内容。

❏ 第 2 行：使用 image_transport 发布和订阅 ROS 中的图像，可以订阅压缩的图像流。应该在 package.xml 中包含 image_transport。

❏ 第 3 ~ 4 行：包含 CVBridge 的头文件以及一些有用的常量和与图像编码相

关的函数。应该在 package.xml 中包含 cv_bridge。

❏ 第 5 ~ 6 行：包括 OpenCV 图像处理和 GUI 模块的头文件。应该在 package.xml 中包含 opencv2。

❏ 第 12 ~ 24 行：使用 image_transport 来订阅图像话题作为"输入"，并发布图像话题作为"输出"。

❏ 第 26 ~ 32 行：OpenCV HighGUI 在启动 / 关闭时需要调用创建 / 销毁显示窗口。

❏ 第 34 ~ 45 行：在我们的订阅者回调中，首先将 ROS 图像消息转换为适合使用 OpenCV 的 CVImage。因为我们要在图像上绘制，所以需要它的可变副本，于是使用了 toCvCopy()。

注意，OpenCV 要求彩色图像使用 BGR 信道规则。

注意，应该调用 CvCopy() / toCvShared() 以捕获转换错误，因为那些函数不会检查数据的有效性。

❏ 第 47 ~ 52 行：在图像上画一个红色的圆，然后在显示窗口中显示它。

❏ 第 53 行：将 CvImage 转换为 ROS 图像消息，并在"输出"话题上发布。

3. 相关准备与设置

因为是 C++ 程序，所以需要在 CMakeLists.txt 中加入以下内容：

```
add_executable(image_converter src/image_converter.cpp) // 将 src 中的文件添加成名字为
  image_converter 的可执行文件
target_link_libraries(image_converter ${catkin_LIBRARIES}) // 将相关的库和可执行文件链接
add_dependencies(image_converter robot_vision_generate_messages_cpp) // 给可执行文件
  添加依赖包
```

要运行这个节点，就需要生成一个图像流。我们可以运行相机或播放包文件来生成图像流。比如使用 Kinect 摄像头：

```
$ roslaunch openni_launch openni.launch
```

4. 编译运行

我们运行以下命令进行编译：

```
$ cd ~/robook_ws
$ catkin_make
$ source devel/setup.bash
$ rosrun ch6_opencv image_converter
```

也可以使用 roslaunch，这样就不用再另外打开 Kinect 了。launch 文件内容如下：

```
<launch>
<include file="/opt/ros/indigo/share/openni_launch/launch/openni.launch" />
<node name="image_converter" pkg="ch6_opencv" type="image_converter" output="screen" >
</node>
</launch>
```

如果已经成功将图像转换为 OpenCV 格式，将可以看到一个 HighGui 窗口，名为"Image window"并显示图像和圆。

我们可以使用 rostopic 或使用 Image_View 查看图像，从而检查节点是否正确地通过 ROS 发布图像。例如：

```
$ rostopic info 话题名称 // 显示传递的话题内容
```

或者

```
$ rosrun image_view image_view image:=/image_converter/output_video
```

关于 toCvShare() 共享图像的用法，请参考：http://wiki.ros.org/cv_bridge/Tutorials/UsingCvBridgeToConvertBetweenROSImagesAndOpenCVImages。

6.6 点云库及其使用

6.6.1 点云及点云库简介

点云（Point Cloud）数据是指三维坐标系中的一组向量的集合。这些向量通常以 X, Y, Z 三维坐标的形式表示，用于表示一个物体的外表面形状。除 (X, Y, Z) 代表的几何位置信息之外，点云数据还可以表示点的 RGB 颜色、深度、灰度值、分割结果等。例如，$P_i = \{X_i, Y_i, Z_i\}$ 表示空间中的一个点，则 Point Cloud$=\{P_1, P_2, P_3, \cdots, P_n\}$ 表示一组点云数据。

大多数点云数据是由立体摄像头（Stereo Camera）、激光雷达（2D/3D）、TOF（Time-Of-Flight）相机、光编码（Light Coding）相机等 3D 扫描设备产生的。这些设备自动测量物体表面的点的信息，然后用某种数据文件输出点云数据。

点云库（Point Cloud Library，PCL）是用于三维点云处理的独立 C++ 库。PCL 框架包含大量先进的算法，涵盖特征估计、滤波、配准、表面重建、模型拟合和分割。PCL 的主要应用领域有机器人、虚拟现实、激光遥感测量、CAD/CAM、逆向工程、人机交互等。

PCL 支持本书所使用的 Primesense 3D 视觉传感器和 Kinect。

6.6.2 PCL 的数据类型

1. ROS 中的点云数据结构

当前在 ROS 中表示点云的数据结构主要有以下几类：

❑ sensor_msgs::PointCloud：ROS 中采用的第一个点云消息。它包含 X、Y 和 Z（都是浮点型数据）以及多个通道，每个通道有一个字符串名称和一个浮点值数组。

❑ sensor_msgs::PointCloud2：最新修改的 ROS 点云消息（目前是 PCL 的实际标准），现在表示任意 *n* 维数据。点值现在可以是任何基本数据类型（int、float、double 等），消息可以指定为 dense，具有高度和宽度值，使数据具有二维结构。例如，与空间中相同区域的图像相对应。

❑ pcl::PointCloud<T>：PCL 库中的核心点云类，它可以在 point_types.h 中列出的任何点类型或用户定义的类型上进行模板化。此类具有与 PointCloud2 消息类型类似的结构，包括头。消息类和点云模板类之间可以直接转换（见下文的介绍），PCL 库中的大多数方法都接受这两种类型的对象。不过，最好在点云处理节点中使用这个模板类，而不是使用消息对象，因为可以将单个点作为对象使用，而不必使用它们的原始数据。

2. 常用的 PointCloud2 字段名

常用的 Point Cloud2 字段名如下：

❑ x：一个点的 *x* 坐标值（float32）。

❑ y：一个点的 *y* 坐标值（float32）。

❑ z：一个点的 *z* 坐标值（float32）。

❑ rgb：一个点的 RGB（24 位）颜色值（uint32）。

❑ rgba：一个点的 A-RGB（32 位）颜色值（uint32）。

❑ normal_x：一个点的正常方向向量的第一分量（float32）。

❑ normal_y：一个点的正常方向向量的第二分量（float32）。

❑ normal_z：一个点的正常方向向量的第三分量（float32）。

❑ curvature：一个点的表面曲率变化估计（float32）。

❑ j1：一个点的第一不变矩（float32）。

❑ j2：一个点的第二不变矩（float32）。

❑ j3：一个点的第三不变矩（float32）。

❑ boundary_point：点的边界属性（例如，如果点位于边界上，则设置为 1，布尔值）。

❑ principal_curvature_x：一个点主曲率方向的第一个分量（float32）。

❑ principal_curvature_y：一个点主曲率方向的第二个分量（float32）。

❑ principal_curvature_z：一个点主曲率方向的第三个分量（float32）。

PCL 中使用的字段名和点类型的完整列表可以在 pcl/point_types.hpp 中找到，参见 http://docs.ros.org/hydro/api/pcl/html/point__types_8hpp.html。

3. 点云数据类型转换

❑ sensor_msgs::PointCloud2 与 pcl::PointCloud<T> 对象之间的转换可使用 pcl_conversions 中的 pcl::fromROSMsg 和 pcl::toROSMsg 完成。

❑ sensor_msgs::PointCloud 与 sensor_msgs::PointCloud2 格式之间转换的最简单方法是运行一个点云转换器的节点实例 point_cloud_converter（http://

wiki.ros.org/point_cloud_converter)。该节点订阅两种类型的主题并发布两种类型的主题。如果要在自己的节点中进行转换，请查看 sensor_msgs::convertPointCloud2ToPointCloud 和 sensor_msgs::convertPointCloudToPoint-Cloud2。

6.6.3 发布和订阅点云消息

为了完整起见，我们将总结下面三种点云类型的订阅和发布操作。注意：我们不提倡使用旧的 pointcloud 消息类型。

1. 订阅不同的点云消息类型

对于所有类型，都需要完成以下操作：

```
ros::NodeHandle nh;
std::string topic = nh.resolveName("point_cloud");
uint32_t queue_size = 1;
```

对于 sensor_msgs::PointCloud 话题，完成以下操作：

```
// callback signature:
void callback(const sensor_msgs::PointCloudConstPtr&);

// create subscriber:
ros::Subscriber sub = nh.subscribe(topic, queue_size, callback);
```

对于 sensor_msgs::PointCloud2 话题，完成以下操作：

```
// callback signature
void callback(const sensor_msgs::PointCloud2ConstPtr&);

// to create a subscriber, you can do this (as above):
ros::Subscriber sub = nh.subscribe<sensor_msgs::PointCloud2> (topic, queue_size,
  callback);
```

对于直接接收 pcl::PointCloud<T> 对象的订阅器，完成以下操作：

```
// Need to include the pcl ros utilities
#include "pcl_ros/point_cloud.h"

// callback signature, assuming your points are pcl::PointXYZRGB type:
void callback(const pcl::PointCloud<pcl::PointXYZRGB>::ConstPtr&);

// create a templated subscriber
ros::Subscriber sub = nh.subscribe<pcl::PointCloud<pcl::PointXYZRGB> > (topic,
  queue_size, callback);
```

当使用 sensor_msgs::PointCloud2 订阅器订阅 pcl::PointCloud<T> 话题（反之亦然）时，两种类型 sensor_msgs::PointCloud2 和 pcl::PointCloud<T> 之间的转换（反序列化）将由订阅器即时完成。

2. 发布不同的点云类型

和订阅一样，对于所有类型，都需要完成以下操作：

```
ros::NodeHandle nh;
std::string topic = nh.resolveName("point_cloud");
uint32_t queue_size = 1;
```

对于 sensor_msgs::PointCloud 消息，完成以下操作：

```
// assume you get a point cloud message somewhere
sensor_msgs::PointCloud cloud_msg;

// advertise
ros::Publisher pub = nh.advertise<sensor_msgs::PointCloud>(topic, queue_size);
// and publish
pub.publish(cloud_msg);
```

对于 sensor_msgs::PointCloud2 消息，完成以下操作：

```
// get your point cloud message from somewhere
sensor_msgs::PointCloud2 cloud_msg;

// to advertise you can do it like this (as above):
ros::Publisher pub = nh.advertise<sensor_msgs::PointCloud2>(topic, queue_size);

/// and publish the message
pub.publish(cloud_msg);
```

对于一个 pcl::PointCloud<T> 对象，不需要把它转换成一个消息，操作如下：

```
// Need to include the pcl ros utilities
#include "pcl_ros/point_cloud.h"

// you have an object already, eg with pcl::PointXYZRGB points
pcl::PointCloud<pcl::PointXYZRGB> cloud;

// create a templated publisher
ros::Publisher pub = nh.advertise<pcl::PointCloud<pcl::PointXYZRGB> > (topic,
  queue_size);

// and just publish the object directly
pub.publish(cloud);
```

发布器在需要时要负责 sensor_msgs::PointCloud2 与 pcl::PointCloud<T> 之间的转换（序列化）。

6.6.4 如何在 ROS 中使用 PCL 教程

本节将介绍在 ROS 中如何使用 http://pointclouds.org 上的现有教程（使用节点或节点集）。这里主要包括三个例程：example.cpp、example_voxelgrid.cpp 和

example_planarsegmentation.cpp。

1. 创建一个 ROS 工程包

使用以下命令创建一个 ROS 工程包：

```
$ cd robook_ws/src
$ catkin_create_pkg ch6_pcl pcl_conversions pcl_ros roscpp sensor_msgs
```

然后在 package.xml 文件中添加以下内容：

```
<build_depend>libpcl-all-dev</build_depend>
<exec_depend>libpcl-all</exec_depend>
```

2. 创建代码框架

按以下方法创建代码框架 example.cpp：

```cpp
#include <ros/ros.h>
// PCL specific includes
#include <sensor_msgs/PointCloud2.h>
#include <pcl_conversions/pcl_conversions.h>
#include <pcl/point_cloud.h>
#include <pcl/point_types.h>

ros::Publisher pub;

void
cloud_cb (const sensor_msgs::PointCloud2ConstPtr& input)
{
  // Create a container for the data.
  sensor_msgs::PointCloud2 output;

  // Do data processing here...
  output = *input;

  // Publish the data.
  pub.publish (output);
}

int
main (int argc, char** argv)
{
  // Initialize ROS
  ros::init (argc, argv, "ch6_pcl");
  ros::NodeHandle nh;

  // Create a ROS subscriber for the input point cloud
  ros::Subscriber sub = nh.subscribe ("input", 1, cloud_cb);

  // Create a ROS publisher for the output point cloud
  pub = nh.advertise<sensor_msgs::PointCloud2> ("output", 1);
```

```
// Spin
ros::spin ();
}
```

注意，上面的代码只完成了初始化 ROS 和为 PointCloud2 数据创建订阅器和发布器的工作。

3. 将源文件添加到 CMakeLists.txt

在新创建的工程包中编辑 CMakeLists.txt 文件并添加以下内容：

```
add_executable(example src/example.cpp)
target_link_libraries(example ${catkin_LIBRARIES})
```

4. 从 PCL 教程下载源代码

PCL 有四种不同的方法来表示点云数据，初学者可能会觉得有点混乱，但我们会尽量让大家学习时觉得简单一些。这四种类型有：

❑ sensor_msgs::PointCloud——ROS 消息（已弃用）。

❑ sensor_msgs::PointCloud2——ROS 消息。

❑ pcl::PCLPointCloud2——PCL 数据结构，主要是为了与 ROS 兼容。

❑ pcl::PointCloud<T>——标准 PCL 数据结构。

在下面的代码示例中，我们将重点介绍 ROS 消息（sensor_msgs::PointCloud2）和标准 PCL 数据结构（pcl::PointCloud<T>）。但是，应该注意，pcl::PCLPoint-Cloud2 也是一个重要且有用的类型，可以使用该类型直接订阅节点，它会自动通过序列化与 sensor_msgs 类型进行互相转换。请参考本书资源中的 example_voxelgrid_pcl_types.cpp 文件，或者参考以下链接：http://wiki.ros.org/pcl/Tutorials/hydro?action=AttachFile&do=view&target=example_voxelgrid_pcl_types.cpp，自己学习 PCLPointCloud2 的用法。

（1）sensor_msgs/PointCloud2

以下示例的源文件可使用本书资源中的 6.6.4example_voxelgrid.cpp 或者在以下网页中下载：http://wiki.ros.org/pcl/Tutorials/hydro?action=AttachFile&do=view&target=example_voxelgrid.cpp。注意编辑 cmakelists.txt 进行匹配。

sensor_msgs::/PointCloud2 是为 ROS 消息设计的，是 ROS 应用程序的首选格式。在下面的示例中，我们使用三维网格对 PointCloud2 结构进行了简化，从而大大减少了输入数据集的点数。

要将此功能添加到上面的代码框架中，请执行以下步骤：

1）在本书资源中获取文件 6.6.4voxel_grid.cpp，或者访问 http://www.pointclouds.org/documentation/，单击 Tutorials，然后导航到 Downsampling a PointCloud using a VoxelGrid filter 教程（http://www.pointclouds.org/documentation/tutorials/voxel_grid.php）。

2）阅读代码和说明，可以看到代码分为三部分：加载云（第 9 ～ 19 行）、处理云（第 20 ～ 24 行）、保存输出（第 25 ～ 32 行）。

　　3）由于我们在上面的代码片段中使用了 ROS 订阅服务器和发布服务器，因此可以忽略使用 PCD 格式加载和保存点云数据。因此，本教程中唯一相关的部分是创建 PCL 对象、传递输入数据和执行实际计算的第 20 ～ 24 行，如下所示：

```
// Create the filtering object
pcl::VoxelGrid<pcl::PCLPointCloud2> sor;
sor.setInputCloud (cloud);
sor.setLeafSize (0.01, 0.01, 0.01);
sor.filter (*cloud_filtered);
```

　　在这些行中，输入数据集被命名为 cloud，输出数据集被称为 cloud_filtered。我们可以复制这项工作，但请记住，要使用 sensor_msgs 类而不是 pcl 类。为了做到这一点，我们需要做一些额外的工作将 ROS 消息转换为 PCL 类型。修改代码框架 example.cpp 中的回调（callback）函数如下：

```
#include <pcl/filters/voxel_grid.h>

......

void
cloud_cb (const sensor_msgs::PointCloud2ConstPtr& cloud_msg)
{
  // Container for original & filtered data
  pcl::PCLPointCloud2* cloud = new pcl::PCLPointCloud2;
  pcl::PCLPointCloud2ConstPtr cloudPtr(cloud);
  pcl::PCLPointCloud2 cloud_filtered;

  // Convert to PCL data type
  pcl_conversions::toPCL(*cloud_msg, *cloud);

  // Perform the actual filtering
  pcl::VoxelGrid<pcl::PCLPointCloud2> sor;
  sor.setInputCloud (cloudPtr);
  sor.setLeafSize (0.1, 0.1, 0.1);
  sor.filter (cloud_filtered);

  // Convert to ROS data type
  sensor_msgs::PointCloud2 output;
  pcl_conversions::fromPCL(cloud_filtered, output);

  // Publish the data
  pub.publish (output);
}
```

注意：由于不同的教程在输入和输出时通常使用不同的变量名，因此在将教程代码集成到自己的 ROS 节点时，可能需要修改一下代码。在这种情况下，请注意，我们必须将变量名输入更改为 cloud，并将输出更改为 cloud_filtered，以便与我们复制的教程中的代码匹配。

注意： 这段代码的效率有些低，可以使用 moveFromPCL 替换 fromPCL，以防止复制整个（过滤的）点云。但是，由于原始输入是常量，因此无法以这种方式优化 toPCL 调用。

将 example.cpp 框架另存为文件 example_voxelgrid.cpp，然后进行编译：

```
$ cd robook_ws
$ catkin_make
```

接下来运行如下代码：

```
$ rosrun ch6_pcl example_voxelgrid input: = /narrow_stereo_textured /points2
```

如果运行的是与 OpenNI 兼容的深度传感器，可以尝试如下运行方式：

```
$ roslaunch openni_launch openni.launch
$ rosrun ch6_pcl example_voxelgrid input:=/camera/depth/points
```

可以通过运行 rviz 来使结果可视化：

```
$ rosrun rviz rviz
```

并在 rviz 中添加"PointCloud2"。为固定帧选择 camera_depth_frame（或适合的传感器的任何帧），并为 PointCloud2 话题选择输出。这里应该看到一个按高度降采样的点云。为了进行比较，可以查看 /camera/depth/points 话题，并查看它降采样的量。

（2）pcl/PointCloud<T>

与前面的示例一样，可以使用本书资源中的附件代码 \ch6_pcl\src\example_planarsegmentation.cpp，也可以在以下网站上下载 http://wiki.ros.org/pcl/Tutorials/hydro?action=AttachFile&do=view&target=example_planarsegmentation.cpp。注意，要编辑 cmakelists.txt 进行匹配。

pcl::PointCloud<T> 格式表示内部的 PCL 点云格式。由于模块化和效率的原因，这种格式是在点类型上模板化的，PCL 提供了一个 SSE 对齐的模板化的公共类型列表。在下面的示例中，我们要估计场景中最大平面的平面系数。

要将此功能添加到上面的代码框架中，请执行以下步骤：

1）在本书资源中获取文件 6.6.4planar_segmentation.cpp，或者访问 http://www.pointclouds.org/documentation/，单击 Tutorials，然后导航到 planar model segmentation 教程（http://www.pointclouds.org/documentation/tutorials/planar_segmentation.php）。

2）阅读代码和说明，可以看到代码分为三部分：创建云并用值填充（12 ~ 30 行）、处理云（38 ~ 56 行）、写下系数（58 ~ 68 行）。

3）因为我们在上面的代码片段中使用了 ROS 订阅器，所以可以忽略第一步，直接处理在回调中收到的云。因此，本教程中唯一相关的部分是第 38 ~ 56 行，这部分代码用于创建 PCL 对象，传递输入数据，并执行实际计算：

```
pcl::ModelCoefficients coefficients;
pcl::PointIndices inliers;
// Create the segmentation object
pcl::SACSegmentation<pcl::PointXYZ> seg;
// Optional
seg.setOptimizeCoefficients (true);
// Mandatory
seg.setModelType (pcl::SACMODEL_PLANE);
seg.setMethodType (pcl::SAC_RANSAC);
seg.setDistanceThreshold (0.01);

seg.setInputCloud (cloud.makeShared ());
seg.segment (inliers, coefficients);
```

在这部分代码中，输入数据集名为 cloud，类型为 pcl::PointCloud<pcl::PointXYZ>，输出由一组包含平面和平面系数的点索引表示。cloud.makeShared() 为 cloud 对象云创建一个 boost shared_ptr 共享指针对象（参见 pcl::PointCloud API 文档：http://docs.pointclouds.org/1.5.1/classpcl_1_1_point_cloud.html#a33ec29ee932707f593af9839eb37ea17）。

复制以下行到代码框架 example.cpp 中，并修改回调（callback）函数：

```
#include <pcl/sample_consensus/model_types.h>
#include <pcl/sample_consensus/method_types.h>
#include <pcl/segmentation/sac_segmentation.h>

......

void
cloud_cb (const sensor_msgs::PointCloud2ConstPtr& input)
{
  // Convert the sensor_msgs/PointCloud2 data to pcl/PointCloud
  pcl::PointCloud<pcl::PointXYZ> cloud;
  pcl::fromROSMsg (*input, cloud);

  pcl::ModelCoefficients coefficients;
  pcl::PointIndices inliers;
  // Create the segmentation object
  pcl::SACSegmentation<pcl::PointXYZ> seg;
  // Optional
  seg.setOptimizeCoefficients (true);
  // Mandatory
```

```
seg.setModelType (pcl::SACMODEL_PLANE);
seg.setMethodType (pcl::SAC_RANSAC);
seg.setDistanceThreshold (0.01);

seg.setInputCloud (cloud.makeShared ());
seg.segment (inliers, coefficients);

// Publish the model coefficients
pcl_msgs::ModelCoefficients ros_coefficients;
pcl_conversions::fromPCL(coefficients, ros_coefficients);
pub.publish (ros_coefficients);
}
```

注意: 我们添加了两个转换步骤: 从 sensor_msgs/PointCloud2 到 pcl/PointCloud<T> 的转换以及从 pcl::ModelCoefficients 到 pcl_msgs::ModelCoefficients 的转换。同时, 我们也更改了发布的从输出到系数的变量。

此外, 由于我们现在发布的是平面模型系数, 而不是点云数据, 因此必须修改发布器类型。原类型为:

```
// Create a ROS publisher for the output point cloud
pub = nh.advertise<sensor_msgs::PointCloud2> ("output", 1);
```

更改后的类型为:

```
// Create a ROS publisher for the output model coefficients
pub = nh.advertise<pcl_msgs::ModelCoefficients> ("output", 1);
```

将 example.cpp 框架另存为文件 example_planarsegmentation.cpp, 并将源文件添加到 CMakeLists.txt, 然后编译并运行上面的代码, 命令如下:

```
$ rosrun ch6_pcl example_planarsegmentation input:=/narrow_stereo_textured/points2
```

如果运行的是与 OpenNI 兼容的深度传感器, 可以尝试如下运行方式:

```
$ rosrun ch6_pcl example_planarsegmentation input:=/camera/depth/points
```

查看输出如下:

```
$ rostopic echo output
```

6.6.5 PCL 的一个简单应用——检测门的开关状态

以下是 PCL 的一个简单应用, 场景是机器人已经导航到了门口, 但是门关着。机器人检测门的状态, 如果门打开了, 通过检测点云的深度变化, 机器人就可以检测到门已经打开, 并将门已打开的消息发布出去。

本例中使用的硬件可以是 Kinect, 也可以是 Primesense。

你可以在本书资源中找到 6.6.5door_detect.cpp 与 6.6.5door_detect.launch, 分

别放到工程包的 /src 与 /launch 文件夹下，并对 CMakeList.txt 进行相关配置。

注意： 6.6.5door_detect.launch 中默认的视觉设备是 Turtlebot 的 3dsensor，可以将其中的 <include file="/home/isi/turtlebot/src/turtlebot/turtlebot_bringup/launch/3dsensor.launch"> 换成 <include file="/opt/ros/indigo/share/openni2_launch/launch/openni2.launch">，即使用 Primesense。

编译运行的方法如下：

```
$ cd robook
$ catkin_make# 修改 cpp 程序后要编译
$ source devel/setup.bash
$ roslaunch ch6_pcl door_detect.launch
```

在本章中，我们学习了使用深度视觉传感器实现机器人视觉功能的方法。首先，我们了解了两种常用的视觉传感器 Kinect 与 Primesense，接着学习了安装与测试视觉传感器的驱动，并尝试在 ROS 中同时运行两台 Kinect，或者同时运行 Kinect 与 Primesense。此外，还介绍了在 ROS 中使用 OpenCV 处理 RGB 图像的方法，了解了点云库（PCL）及其使用方法。这为下一章实现机器人的自主导航、跟随、人脸和物体识别等功能打下了基础。

习题

1. 在 ROS 中显示 Kinect 和 Primesense 摄像头获取的图像。
2. 在 ROS 中使用 OpenCV 读取摄像头图像并在 rviz 中显示。
3. 使用 Primesense 摄像头检测门的开关状态。

参考文献

[1]　崔斌.基于 Kinect 麦克风阵列的声源定位研究 [D].镇江：江苏大学，2015.

[2]　CSDN.设备 PrimeSense 1.09_ 驱动安装与使用 [EB/OL].https://blog.csdn.net/hanshuning/article/details/56845394.

[3]　维基百科.ROS:vision_opencv[EB/OL].http://wiki.ros.org/vision_opencv.

[4]　维基百科.ROS:opencv3[EB/OL].http://wiki.ros.org/opencv3.

[5]　维基百科.Converting between ROS images and OpenCV images (C++) [EB/OL].http://wiki.ros.org/cv_bridge/Tutorials/UsingCvBridgeToConvertBetweenROSImagesAndOpenCVImages.

[6]　维基百科.ROS:pcl[EB/OL].http://wiki.ros.org/pcl.

[7]　黄军君.基于 PFH 与信息融合的移动场景实时三维重构研究精简算法 [D].上海：东华大学，2014.

[8]　王丽萍.融合图像与深度信息的移动机器人室内三维地图构建 [D].厦门：厦门大学，2012.

[9]　陈佳洲.室内场景物体同时识别与建模 [D].广州：广东工业大学，2016.

第 **7** 章

机器人视觉功能的实现进阶

前面我们已经对机器人视觉功能的实现有了初步了解，本章将对机器人更高级的视觉功能进行深入探索并实现这些功能，比如让机器人识别并跟随主人运动、从多个人中识别出主人的挥手召唤动作、识别并定位物体、识别视野范围内的人脸及性别、识别手写数字等。部分功能的实现会使用 OpenCV 编程，有些功能则需要使用 PCL 来实现。这些功能是实现智能服务机器人的基础，应重点掌握。

首先建立工程包：

```
$ cd robook_ws/src
$ catkin_create_pkg imgpcl sensor_msgs cv_bridge roscpp std_msgs image_transport
  pcl_conversions pcl_ros
```

然后按照第 6 章的介绍对 OpenCV 与 PCL 进行相关配置。

7.1　机器人跟随功能的实现

7.1.1　理论基础

有多种实现服务机器人跟随的方法，比如，可以使用超声波模块、图像识别、声源定位和雷达等技术完成跟随功能的设计。在这里，我们采用 3D 视觉传感器来实现服务机器人的跟随功能。

实现跟随功能的算法核心是：机器人在它前面的探测窗口中寻找对象，并寻求被观测物体的质心，质心最好保持在机器人正前方，并有固定的距离。如果对象的质心太远，机器人将向前行驶，否则向后行驶；如果物体偏移到机器人的侧面，机器人将转向质心。本书中的机器人使用 Primesense 1.09 的深度相机提取点云信息，并将点云限制在具有一定长、宽、高的长方体内，以模拟人体的点云量，从而排除其他物体的干扰。示意图如图 7-1 所示。

速度控制策略使用比例控制，以达到机器人与目标物体保持一定距离和速度平滑的效果。算法流程如图 7-2 所示。

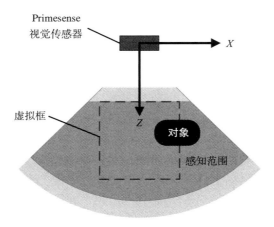

图 7-1 Primesense 1.09 3D 视觉传感器跟随功能示意图

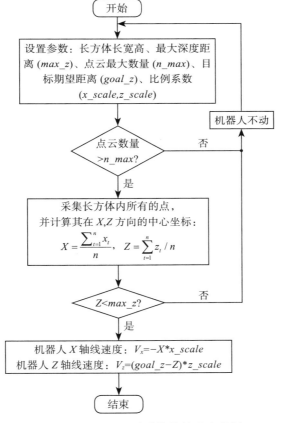

图 7-2 机器人跟随功能的算法流程图

7.1.2 跟随功能的运行测试

机器人的跟随功能一般可使用 Kinect 或 Primesense 两种传感器来完成。首先，需要将机器人与视觉传感器连接到笔记本电脑，并启动机器人开关。

可以直接使用 Turtlebot 自带的 turtlebot_follower 来实现跟随功能。先启动 Turtlebot：

```
$ roslaunch turtlebot_bringup minimal.launch
```

在新终端启动跟随功能的程序：

```
$ roslaunch turtlebot_follower follower.launch
```

注意：有时视觉传感器的启动会出现问题，需要在运行之前输入命令 sudo -s 来改变用户的使用权限。这里使用的是当前用户本身的环境，不需加载用户变量，也不用跳转目录。

---

follower.launch 文件位于 Turtlebot 安装包下，具体位置为 turtlebot/src/turtlebot_apps/turtlebot_follower/launch/follower.launch。我们可以在文件里找到视觉传感器的启动设置：

```
<include file="$(find turtlebot_bringup)/launch/3dsensor.launch">
```

在该文件中设置选择何种视觉传感器。在安装 Turtlebot 时，可能已经设置了默认视觉传感器：

```
export TURTLEBOT_3D_SENSOR=kinect
```

但是，为了使用方便，可以对 follower.launch 进行修改，直接启动 Turtlebot 机器人与所用视觉传感器。修改后的 myfollower.launch 文件内容如下（可以查看本书资源 7.1.2myfollower.launch）：

```
<!--
  The turtlebot people (or whatever) follower nodelet.
 -->
<launch>
    <include file="/home/isi/turtlebot/src/turtlebot/turtlebot_bringup/launch/
      minimal.launch" />
  <arg name="simulation" default="false"/>
  <group unless="$(arg simulation)"> <!-- Real robot -->

    <include file="$(find turtlebot_follower)/launch/includes/velocity_smoother.
      launch.xml">
      <arg name = "nodelet_manager"  value = "/mobile_base_nodelet_manager"/>
      <arg name="navigation_topic" value="/cmd_vel_mux/input/navi"/>
    </include>

    <include file="/opt/ros/indigo/share/openni2_launch/launch/openni2.launch">
      <arg name="rgb_processing"                  value="true"/>
        <!-- only required if we use android client -->
      <arg name="depth_processing"                value="true"/>
      <arg name="depth_registered_processing"     value="false"/>
```

```
            <arg name="depth_registration"              value="false"/>
            <arg name="disparity_processing"            value="false"/>
            <arg name="disparity_registered_processing" value="false"/>
        </include>
    </group>
    <group if="$(arg simulation)">
        <!-- Load nodelet manager for compatibility -->
        <node pkg="nodelet" type="nodelet" ns="camera" name = "camera_nodelet_manager"
            args="manager"/>

        <include file="$(find turtlebot_follower)/launch/includes/velocity_smoother.
            launch.xml">
            <arg name = "nodelet_manager"  value = "camera/camera_nodelet_manager"/>
            <arg name="navigation_topic" value="cmd_vel_mux/input/navi"/>
        </include>
    </group>

    <param name="camera/rgb/image_color/compressed/jpeg_quality" value = "22"/>

    <!-- Make a slower camera feed available; only required if we use android client -->
    <node pkg="topic_tools" type="throttle" name="camera_throttle"
        args="messages camera/rgb/image_color/compressed 5"/>

    <include file = "$(find turtlebot_follower)/launch/includes/safety_controller.
        launch.xml"/>

    <!--  Real robot: Load turtlebot follower into the 3d sensors nodelet manager to
        avoid pointcloud serializing -->
    <!--  Simulation: Load turtlebot follower into nodelet manager for compatibility -->
    <node pkg="nodelet" type="nodelet" name="turtlebot_follower"
        args="load turtlebot_follower/TurtlebotFollower camera/camera_nodelet_
            manager">
        <remap from = "turtlebot_follower/cmd_vel" to = "follower_velocity_smoother/
            raw_cmd_vel"/>
        <remap from="depth/points" to="camera/depth/points"/>
        <param name="enabled" value="true" />
        <param name="x_scale" value="7.0" />
        <param name="z_scale" value="2.0" />
        <param name="min_x" value="-0.35" />
        <param name="max_x" value="0.35" />
        <param name="min_y" value="0.1" />
        <param name="max_y" value="0.5" />
        <param name="max_z" value="1.2" />
        <param name="goal_z" value="0.6" />
    </node>
    <!-- Launch the script which will toggle turtlebot following on and off based on
        a joystick button. default: on -->
    <node name="switch" pkg="turtlebot_follower" type="switch.py"/>
    <!--modify: 在 turtlebot_follower 下新建 follow.rviz 文件, 加载 rviz, 此时 rviz 内容为空 -->
        <node name="rviz" pkg="rviz" type="rviz" args="-d $(find turtlebot_follower)/
```

```
        follow.rviz"/>
    <!--modify end -->
</launch>
```

可以把此文件放到 turtlebot/src/turtlebot_apps/turtlebot_follower/launch/myfollower.launch 里运行，启动机器人和摄像头：

```
$ roslaunch turtlebot_follower follower.launch
```

可以根据需要修改参数。比如，实际运行中，我们发现跟随参数取以下值时效果较好：

```
<param name="x_scale" value="5.0" />
<param name="z_scale" value="2.0" />
<param name="min_x" value="-0.25" />
<param name="max_x" value="0.25" />
<param name="min_y" value="0.1" />
<param name="max_y" value="0.5" />
<param name="max_z" value="1.4" />
<param name="goal_z" value="0.7" />
```

开始跟随时，人要走在机器人前面，机器人应该跟随移动。靠近机器人会使它后退，缓慢地向左或向右移动，机器人会跟随人转动。可以通过快速离开机器人来停止跟随功能。

可以根据需要修改功能实现源码 turtlebot/src/turtlebot_apps/turtlebot_follower/src/follower.cpp。

7.2　机器人挥手识别功能的实现

随着科技的飞速发展，机器人越来越多地出现在生活中，人们也越来越追求更自然、便捷的人机交互体验。人机交互方式从原始的命令行界面到现在的触控图形界面，一直朝着简单化、人性化、友好化和自然化的方向发展。近年来，人机交互领域不断进步，出现了人脸识别、语音识别、人体动作识别、手势识别等很多新的交互方式。

为了实现机器人和人类之间更自然的互动，除了语音互动之外，人们还希望机器人可以像人类那样通过"肢体语言"进行交流。在肢体语言中，挥手是最常见的手势。我们在生活中经常看到这样的情景，当一个人在较远的地方招呼另一个人时，经常通过挥手示意而不是大声呼叫的方式。同样，随着机器人技术的进步，当机器人与人相隔一定距离，而人类需要机器人提供服务时，人们也可以通过向机器人挥手示意的方式来发出指令。尤其是在人多的场合，更适合用挥手的方式召唤机器人走近自己。目前，声源定位虽然可以在一定程度上解决这一问题，但只限于某一个方向的定位，当有多人位于同一方向时，机器人就无法做出判断了。此时，我们可以采用挥手的方式,向机器人示意我们需要其提供服务。如果机器人具有挥手检测功能,可以有效地提高人机交互的便利性。

7.2.1 机器人挥手识别的实现框架及难点分析

本书使用机器人上部的 Primesense 摄像头,采用一种基于 RGB 图像人脸识别的挥手识别的方法。其简单流程图如图 7-3 所示。首先,机器人使用人脸检测算法来检测人脸,并根据肤色剔除检测错误的人脸,根据人脸的位置信息确定挥手时手的位置的大致范围,使用模板匹配和肤色像素比例确定挥手。然后锁定挥手人所在的方位,不断移动到挥手人面前,根据人脸在图像中的大小判断是否到达了挥手人面前,从而为挥手人提供服务。

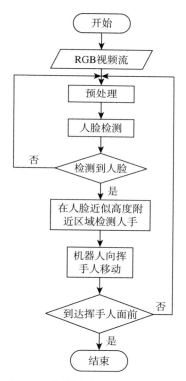

图 7-3 机器人挥手识别流程图

机器人挥手识别的主要难点如下:

1)一般情况下,人手在图像中占据很小的区域,因此很难在图像中找到人手并定位。

2)对于人手,目前还没有一个稳定的特征来表征,也不能稳定地检测手的位置。

3)由于机器人是运动的,加大了挥手识别难度。

针对以上难点,本书采用一种基于人脸识别的机器人挥手识别的方法,这种方法有以下优点：

1）基于人眼、鼻子、嘴巴构成的人脸呈倒三角结构，辨识度比较高，现有的人脸检测技术也较为成熟，具有较高的准确率。

2）只使用图像 RGB 信息，没有深度信息，处理简单有效，可应用在一般的 RGB 摄像头上。

3）在人挥手时，手掌刚好位于人脸两侧或稍前方位置，高度近似，单个人的脸和手肤色也近似，便于识别。

7.2.2 基于 AdaBoost 和 Cascade 算法的人脸检测

2001 年，Viola 和 Jones 率先提出基于 AdaBoost 算法的 Haar 矩形特征和积分图方法进行人脸检测。2002 年，Rainer Lienhart 和 Jochen Maydt 提出了扩展的 Haar 特征，证明了新的 Haar 特征集能够提高检测能力。该算法的要点如下：

- ❑ 使用 Haar-like 特征检测图像。
- ❑ 使用积分图加速对 Haar-like 特征的计算。
- ❑ 利用 AdaBoost 算法训练进行人脸检测的强分类器。
- ❑ 利用 Cascade 算法将强分类器级联起来，筛选得到人脸，从而提高准确率。

（1）Haar 矩形特征

利用输入图像的 Haar 矩形特征，Lienhart 等人使用了 Haar-like 边界特征、细线特征和中心特征三种矩形特征，如图 7-4 所示。

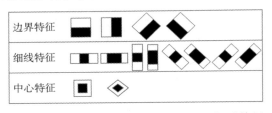

图 7-4　Lienhart 等人使用的 Haar-like 矩形特征

这些矩形特征的目的是量化人脸特征以区分人脸和非人脸。把图 7-4 的矩形放在人脸区域上，然后从白色区域的像素和中减去黑色区域的像素和，得到人脸特征值。如果将此矩形放在非人脸区域中，则计算的特征值应与人脸特征值不同，且差异越大越好。

（2）积分图

积分图是一种能够描述全局信息的矩阵表示方法。其构造方式是位置 I 处的值是原图像左上角方向所有像素的和：

$$I(i,j) = \sum_{k \le i, l \le j} f(k,l) \tag{7.1}$$

积分图构建算法如下：

1）用 $s(i,j)$ 表示行方向的累加和，初始化 $s(i,-1)=0$。

2）用 $I(i, j)$ 表示一个积分图像，初始化 $I(-1, i)=0$。

3）逐行扫描图像，递归计算每个像素 (i, j) 行方向的累加和 $s(i, j)$ 和积分图像 $I(i, j)$ 的值：

$$s(i, j)=s(i, j-1)+f(i, j) \tag{7.2}$$

$$I(i, j)=I(i-1, j)+s(i, j) \tag{7.3}$$

扫描图像一遍，当到达图像右下角像素时，积分图像 I 就构造好了。

在构造好积分图之后，通过简单的运算可以得到图像中任意矩阵区域的像素和，如图 7-5 所示。

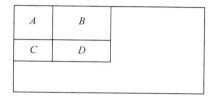

图 7-5　图像中任何矩阵区域的像素累加和运算结果

设 D 的四个顶点分别为 $\alpha, \beta, \gamma, \delta$，则 D 的像素和可以表示为：

$$D_{\text{sum}}=I(\alpha)+I(\beta)-(I(\gamma)+I(\delta)) \tag{7.4}$$

可见，Haar-like 特征值是两个矩阵像素之和的差，可以在常数时间内完成。

（3）Adaboost 算法的流程

我们可对多个 Haar-like 矩形特征进行计算，得到一个区分度更大的特征值。Adaboost 算法需要做的是选择什么样的矩形特征，以及如何将它们结合起来，使人脸检测效果更好。Adaboost 算法是一种分类器算法，是由 Freund 和 Robert E. Schapire 在 1995 年提出的。理论证明：只要每个简单分类器的分类能力比随机猜测要好，那么当简单分类器个数趋向于无穷时，强分类器的错误率将趋于零。具体算法如下：

给定：$(x_1, y_1), ..., (x_m, y_m)$，其中 $x_i \in X, y_i \in Y = \{-1, +1\}$

初始化权重 $D_1(i) = 1/m$

For $t = 1, ..., T$：

　　用分布 D_t 训练弱分类器

　　得到弱分类器：$h_t : X \rightarrow \{-1, +1\}$ 其误差为

$$\epsilon_t = \Pr_{i \in D_T}[h_t(x_i) \neq y_i] \tag{7.5}$$

　　选择：

$$\alpha_t = \frac{1}{2}\ln\left(\frac{1-\epsilon_t}{\epsilon_t}\right) \tag{7.6}$$

　　更新：

$$D_{t+1}(i) = \frac{D_t(i)}{Z_t} \times \begin{cases} \text{e}^{-\alpha t} & \text{if } h_t(x_i) = y_i \\ \text{e}^{\alpha t} & \text{if } h_t(x_i) \neq y_i \end{cases} = \frac{D_t(i)\exp(-\alpha_t y_i h_t(x_i))}{Z_t} \tag{7.7}$$

　　其中，Z_t 是归一化因子（D_{t+1} 是一个分布）。输出最终的强分类器：

$$H(x) = \text{sign}\left(\sum_{t=1}^{T} \alpha_t h_t(x)\right) \tag{7.8}$$

（4）Cascade 算法构架

Cascade（级联）算法的基本思想是构造一个多层级联分类器，如图 7-6 所示。这种多层结构类似于递减决策树。首先，将待检测图像划分为多个子窗口，并通过各层级联分类器对子窗口进行检测。在检测过程中，如果疑似人脸窗口没有被各层分类器过滤掉，则进行后续处理；如果当前检测到的子窗口在各级分类器的某一级被判定为非人脸，则完成对当前窗口的检测，并开始下一个子窗口的检测。这种多层级联分类器提高了检测率与运算速度。

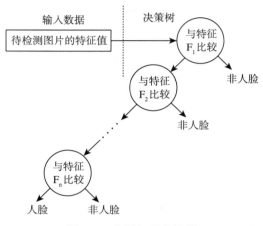

图 7-6　多层级联分类器

7.2.3　用模板匹配算法识别人手

模板匹配（Template Matching）是图像识别中的代表性方法之一。它将从待识别图像中提取的若干个特征向量与模板的对应特征向量进行比较，计算出图像与模板特征向量之间的距离，并采用最小距离法确定分类。模板匹配通常需要提前建立标准模板库。

实现模板匹配算法需要两幅图像：

❑ 原始图像（I）：在这幅图像中，目标是找到一个与模板匹配的区域。

❑ 滑动模板（T）：将与原始图像进行比较的图像块。

为了完成区域匹配，需要将滑动模板与原始图像进行比较。滑动图像块一次移动一个像素（按照从左到右、从上到下的顺序），同时通过度量计算显示匹配是"好"是"坏"（或者块图像与原始图像的特定区域有多相似）。对于 T 覆盖 I 的每一个位置，将度量保存到结果图像矩阵 $\boldsymbol{R}$ 中，而 $\boldsymbol{R}$ 中的每个位置 (x, y) 都包含匹配度量值。

本书采用的匹配方法是平方差匹配法，即 method = CV_TM_SQDIFF，最佳匹配时值为 0。匹配效果越好，其匹配值越小，$\boldsymbol{R}(x, y)$ 的计算方法为：

$$\boldsymbol{R}(x, y) = \sum_{x', y'} (T(x', y') - I(x + x', y + y'))^2 \tag{7.9}$$

7.2.4 基于 YC_rC_b 颜色空间的肤色分割

基于 YC_rC_b 颜色空间的肤色分割用于两处：

1）根据肤色剔除检测错误的人脸。

2）计算模板匹配得到的手所在区域的肤色像素占比。

YC_rC_b 颜色空间源于 YUV 颜色空间，它主要用于优化彩色视频信号的传输，使黑白电视也能通过灰度的差异来表达彩色图像。与 RGB 视频信号传输相比，其优点之一是占用的带宽较小。YC_rC_b 通常将 RGB 图像转换为 YC_rC_b 颜色空间进行图像处理，其中 Y 指亮度或灰阶值（Luminance 或 Luma），通过将 RGB 输入信号各部分加权在一起而得到；U 和 V 指色度（Chrominance 或 Chroma），色度包含了色彩的两个信息——色调和饱和度，分别用 C_r 和 C_b 表示。C_b 表示 RGB 图像中蓝色分量与亮度值的差；C_r 表示红色分量与亮度值的差。它们虽然都是图像的色度信息，但相对独立。

RGB 颜色空间转换到 YC_rC_b 颜色空间的一般性公式为：

$$\begin{cases} Y = 0.299R + 0.587G + 0.114B \\ C_r = R - Y \\ C_b = B - Y \end{cases} \quad (7.10)$$

YUV 颜色空间到 RGB 颜色空间的转换公式为：

$$\begin{cases} R = Y + 1.14V \\ G = Y - 0.39U - 0.58V \\ B = Y + 2.03U \end{cases} \quad (7.11)$$

在 RGB 颜色空间中，R、G、B 颜色分量包含亮度信息并有一定的相关性。因此，RGB 颜色空间对肤色检测在亮度上的适应性不好。很多肤色检测算法使用的是亮度归一化的 RGB 颜色空间，但只去除了三种颜色的相对亮度分量，其中仍存在亮度信息。与其他颜色格式相比，YC_rC_b 颜色格式具有将亮度分量与颜色分离的优点，同时计算过程简单、空间坐标表示直观。

本书采用 YC_rC_b 颜色空间的 C_rC_b 平面，如果输入像素的颜色落入 R_{c_r} = [140, 170] 和 R_{c_b} =[77 ,127] 限定的区域，就认为属于肤色像素。

7.2.5 挥手识别功能的运行测试

将本书资源中的 7.2.5wave_detect.cpp 与 7.2.5wave_detect.launch 分别放入工程包的 /src 与 /launch 文件夹下，并按照 6.5.4 节的介绍进行图像处理的相关配置。

注意： 需要根据自己情况修改 7.2.5wave_detect.cpp 中的一些文件地址，以及将文件 haarcascade_frontalface_alt.xml 放在程序中对应的位置。在 Face_gender.cpp 里，该文件的存储位置是 /config，还要注意结果图片保存的位置。

在硬件方面，将 Primesense 连接到电脑。

编译运行方法如下：

```
$ cd robook_ws
$ catkin_make        # 第一次运行前要编译
$ source devel/setup.bash
$ roslaunch imgpcl wave_detect.launch
```

因为该程序只是一个综合应用场景的一部分，所以启动检测挥手可以通过发送话题消息实现，并打开新终端：

```
$ rostopic pub detectWave std_msgs/String - wave
```

这时人可以站在机器人摄像头的可视范围内进行挥手测试。

7.3　机器人的物体识别与定位功能的实现

7.3.1　基于 Hue 直方图的滑动窗口模板匹配方法

本书采用基于 Hue 直方图的滑动窗口模板匹配方法进行物体识别。Hue（色调）是 HSV 颜色空间的一个分量，HSV 颜色空间在直方图中经常使用，它的另外两个分量是饱和度（Saturation）和值（Value），如图 7-7 所示。提取 Hue 通道作为颜色特征，可以降低光照条件不均匀的影响，提高识别精度。

在滑动窗口的基础上，Hue 直方图进行 LBP（Local Binary Pattern，局部二值模式）特征的直方图匹配。LBP 特征是一种着重于图像纹理的局部二值特征。图 7-8 为 3×3 像素的 LBP。

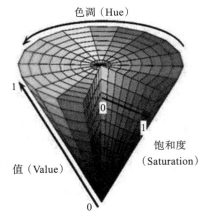

图 7-7　HSV 颜色空间及其三个分量

其中：

$$s(g_0, g_i) = \begin{cases} 1, g_i \geqslant g_0, \\ 0, g_i < g_0, \end{cases} 1 \leqslant i \leqslant 8 \tag{7.12}$$

g_1	g_2	g_3
g_4	g_0	g_5
g_6	g_7	g_8

图 7-8　3×3 像素的 LBP

候选区域与模板的 LBP 直方图距离为：

$$LBP(g_0) = \sum_{i=1}^{8} s(g_0, g_1) \cdot 2^{i-1} \qquad (7.13)$$

具体步骤如下：

1）滑动窗口在全局图像中搜索，计算当前窗口与模板的 Hue 直方图距离。若相似度大于阈值 s，则成为候选区域进入步骤 2，否则进入步骤 3。

2）计算候选区域与模板图像的 LBP 直方图距离，若相似度大于阈值 s，则认为是目标区域，否则不是。

3）搜索下一个窗口。

使用以上基于彩色图像的 Hue 直方图的滑动窗口模板匹配的方法，就能够检测到物体在二维图像中的区域。

7.3.2　基于空间点云数据的物体定位方法

除了完成物体检测的任务，视觉系统还要为机械臂提供待抓取物体的空间坐标。本书使用深度摄像头直接读取物体的深度信息，即空间点云数据。

由于单取物体中心一点的点云坐标会受到各种噪声的干扰，不能准确地定位物体的位置，故而采集识别区域所有点的点云数据，使用随机抽样一致算法（RANdom SAmple Consensus，RANSAC）对这些坐标点进行聚类，可以去除边界点和噪声点。去除大于平均距离一半的点，对剩余的点求平均值，得到最终的坐标作为物体的物质坐标。这个过程如图 7-9 所示。

随机抽样一致算法以迭代的方式从一组离群数据中估计出数学模型的参数。该算法假设数据

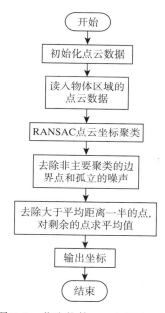

图 7-9　获取物体 3D 坐标流程图

包含正确数据和异常数据（或称作噪声）。正确数据记录为内点（inlier），异常数据记录为外点（outlier）。同时，RANSAC 算法还假设给定一组正确的数据，存在可计算出满足这些数据的模型参数。基本实现步骤如下：

1）从数据集中随机抽取 n 个样本数据，计算变换矩阵 **H**，记为模型 M。

2）计算数据集中全部数据与模型 M 之间的投影误差，如果误差小于阈值，则添加内点集 **I**。

3）如果当前内点集 **I** 中元素的数目大于最优内点集 I_best，则更新 I_best=I，并更新迭代次数 k。

4）如果迭代次数大于 k，则退出；否则，将迭代次数增加 1，重复上述步骤。

由于摄像头获得的点云数据是相对于摄像头坐标系而言，故而在实际使用中需要将物体坐标点转化到机械臂坐标系中，因此需要根据摄像头、机械臂和物体的几何关系计算出坐标系间的齐次转换坐标矩阵。

7.3.3 物体识别与定位的实现和测试

1. 采集模板

本例中，使用 Primesense 摄像头采集模板，并将 Primesense 连接到电脑。然后进行以下工作。

（1）采集固定大小模板

将本书资源中的 7.3.3capimg.cpp 与 7.3.3capimg.launch 分别拷贝到工程包的 src 与 launch 文件夹，对 CMakeList.txt 进行相关配置。

可以在本书资源 7.3.3capimg.cpp 中设置采集模板的宽度如下：

```
int objWidth=50;
int objHeight=100;
```

修改采集模板的保存位置，如下所示：

```
strs="/home/isi/robook_ws/src/imgpcl/template/";
```

编译运行：

```
$ cd robook_ws
$ catkin_make# 第一次运行前要编译
$ source devel/setup.bash
$ roslaunch imgpcl capimg.launch
```

采集模板时，将物体放在摄像头前，使物体在显示框内，然后每次点击" p"键，就会采集一张模板并保存下来。

（2）用鼠标进行模板截图

将本书资源中的 7.3.3capimg_mouse.cpp 与 7.3.3capimg_mouse.launch 分别拷贝到工程包的 src 与 launch 文件夹，对 CMakeList.txt 进行相关配置。

在 capimg_mouse.cpp 中设置采集模板的保存位置，如下所示：

```
name="/home/isi/robook_ws/src/imgpcl/template/";
```

编译运行：

```
$ cd robook_ws
$ catkin_make      # 第一次运行前要编译
$ source devel/setup.bash
$ roslaunch imgpcl capimg_mouse.launch
```

就可以使用鼠标进行截图了。

2. 修改模板图片的名字

在 /home/isi/robook_ws/src/imgpcl/template/ 中找到模板图片，之后修改名字，

并存放在 /home/isi/robook_ws/src/imgpcl/template/ 中。

　　在 /home/isi/robook_ws/src/imgpcl/template/obj_list.txt 里编辑图片名字。不同名字之间要单击回车换行，并确保 obj_list.txt 文件中的名字与图片的文字一样。在本例中，obj_list.txt 中的内容如下：

```
GreenTea.jpg
PotatoChips.jpg
```

3. 配置程序文件

　　将本书资源中的文件 7.3.3objDetect.cpp 存放在 imgpcl/src 文件夹下，文件 7.3.3objDetect.launch 存放在 imgpcl/launch 文件夹下，文件 objDetect.hpp、pos.h 存放在 imgpcl/include 文件夹下，并根据自己的情况修改文件中涉及的地址变量。同时，对 CmakeList.txt 进行相关配置（涉及消息与服务的创建，请参考 3.3.8 节）。

4. 编译运行

　　将笔记本电脑与 Turtlebot 机器人和 Primesense 摄像头连接起来，使用 Primesense 摄像头进行物体识别与定位，通过调整机器人的位置使机器人逐渐移动到机械臂工作空间，以便实现机械臂对物体的抓取。

```
$ cd robook_ws
$ catkin_make      #第一次运行前要编译
$ source devel/setup.bash
$ roslaunch imgpcl objDetect.launch
```

通过话题发布要识别的目标物体名字。

```
$ rostopic pub objName std_msgs/String --potatoChips
```

7.4　服务机器人人脸与性别识别功能的实现

　　作为服务机器人，识别主人显得尤为重要。同时，要防止陌生人对机器人进行操控，增强机器人的安全性能。本书开发的智能服务机器人能够通过 Primesense 获取的彩色图像识别人脸，将机器人操作者与陌生人区分开，从而确认主人，提高安全性。本书中的人脸识别主要采用以下两种方法实现：一种是基于 OpenCV 的传统人脸识别，另一种是基于 Dlib 库的人脸识别方法。机器人对性别的识别是通过基于 OpenCV 的性别识别方法实现的。

7.4.1　基于 OpenCV 的传统人脸与性别识别方法

　　基于 OpenCV 的传统人脸识别方法主要包括以下 4 个步骤：

　　1）人脸检测：作用是定位人脸区域，这里关注识别出的是人脸。在本书中使用 OpenCV 训练好的 Fast Haar 检测器 haarcascade_frontalface_alt.xml。

　　2）人脸预处理：对检测出的人脸图像进行调整优化，主要采用灰度转换和直方图均衡化。

3）收集和训练人脸模型：为了识别人脸，需要收集足够多的要识别的人脸图像。利用这些收集好的人脸图像，在线训练出一个模型并保存。对于之后的每一帧图像，就可以在线通过算法对模型里的参数进行匹配识别。本书中使用了 OpenCV 提供的 CV::Algorithm 类，类中有基于特征脸（PCA，主成分分析）、Fisher 脸（LDA，线性判别分析）和 LPBH（局部二值模式直方图）相关的算法，通过 cv::Algorithm::creat<FaceRecognizer> 创建一个 FaceRecognizer 对象。创建好 FaceRecognizer 对象之后，把收集的人脸数据和标签传递给 FaceRecognizer::train() 函数，然后进行模型训练。用类似的方法可以训练机器人实现男女性别的识别。

4）人脸识别：计算当前人脸与数据库中的哪个人脸最相似。本书中使用 OpenCV 的 FaceRecognizer 类，调用 FaceRecognizer::predict() 函数完成人脸的识别。

本书开发的机器人能够通过 Primesense 获取的彩色图像识别人的性别。性别的识别与上述人脸识别过程类似。主要包括以下 4 个步骤：

1）采集样本并训练模型：采集足够多的男女的人脸图像，利用 OpenCV 提供的 FaceRecognizer::train() 函数进行模型训练，保存模型。

2）定位人脸区域：检测到人脸后，使用 OpenCV 训练好的 Fast Haar 检测器 haarcascade_frontalface_alt.xml。

3）人脸预处理：对人脸检测出来的图片进行调整优化，主要是灰度转换和直方图均衡化的处理。

4）在线识别性别：通过算法在线对模型里的参数进行匹配识别，本书使用 FaceRecognizer::predict() 函数进行人脸的识别。

7.4.2 基于 OpenCV 的人脸与性别识别功能的运行测试

基于 OpenCV 的人脸识别和性别识别算法需要进行训练，其中人脸识别是在线采集样本（主机的人脸为正样本，其他人脸为负样本）并进行训练，性别识别是离线训练，男性和女性的人脸照片分别为正样本和负样本。

1. 性别识别训练

首先进行性别识别的训练。在本书资源中找到 7.4.2gender_train.cpp，放入 imgpcl/src 文件夹下，并对 CmakeList.txt 进行相关配置。将资源中的训练样本文件夹 /7.4.2gender_train_img 放在 /imgpcl/template/ 下，将索引列表 7.4.2gender_index.txt 放在 /imgpcl/template/ 下，并确保 7.4.2gender_index.txt 文件中的样本地址与实际样本地址相符。

注意： 根据所用电脑的不同，修改 7.4.2gender_train.cpp 文件中有关地址的变量，包括 haarcascade_frontalface_alt.xml、operator_index.txt、eigenfacepca.yml、picToPdf.sh。

其中，picToPdf.sh 脚本文件用于将结果图片保存到一个 pdf 文档中，便于后期对结果的查看。

编译运行：

```
$ cd robook_ws
$ catkin_make# 第一次运行前要编译
$ source devel/setup.bash
$ rosrun imgpcl gender_train
```

运行成功后，会在 /imgpcl/config 文件夹下生成 eigenfacepca.yml 文件。

2. 在人群中识别用户与性别的测试

本环节的主要目标是进行基于 OpenCV 的人脸及性别识别。首先，用户站在机器人前，机器人记住用户的样子和性别。之后，用户来到人群中（7 人左右），机器人应能够在人群中找到用户，并识别出其他人的性别。

本例所需的硬件环境是将计算机连接到视觉摄像头 Primesense、机器人 Turtlebot，可以选择连接音箱，让机器人用语音方式说出识别结果。

在本书资源中找到 7.4.2face_gender.cpp，放在 imgpcl/src 文件夹下，并对 CmakeList.txt 进行相关配置；找到 7.4.2face_gender.launch 文件放在 imgpcl/src 文件夹下；将资源中的训练样本文件夹 /7.4.2gender_train_img 放在 /imgpcl 下；将索引列表 7.4.2gender_index.txt 放在 /imgpcl 下，并确保 7.4.2gender_index.txt 文件中的样本地址与实际样本地址相符。

注意：face_gender.cpp 中涉及的文件地址参数要根据所使用的计算机的情况进行修改。

让机器人用语音输出识别结果的方法请参考第 10 章。将本书资源中的 7.4.2person_recog.py 与 7.4.2person_recog.launch 分别放在 speech /src/ 与 speech/ src/ 文件夹下，还要为 person_recog.py 赋予执行权：

```
$ chmod +x person_recog.py
```

运行以下命令：

```
$ cd robook_ws
$ catkin_make# 第一次运行前要编译
$ source devel/setup.bash
$ roslaunch imgpcl face_gender.launch
```

打开新终端，运行以下命令：

```
$ cd robook_ws
$ source devel/setup.bash
$ roslaunch speech person_recog.launch
```

7.4.3 基于 Dlib 库的人脸识别方法

Dlib 是一个包含机器学习算法和工具的 C++ 开源第三方库，它已广泛应用于工业和学术领域，包括机器人、嵌入式设备、移动电话和大型高性能计算环境等。

Dlib 可以实现人脸的检测与识别，它的算法实现使用了 HOG 特征和级联分类器。算法的实现过程如下：

1）将图像进行灰度化处理。

2）使用 Gamma 校正标准化图像的颜色空间。

3）计算每个图像像素的梯度。

4）将图像划分成小单元格。

5）计算每个单元格的梯度直方图。

6）把小单元格合并为大的块，并对块中的梯度直方图进行归一化。

7）生成 HOG 特征描述向量。

针对基于 Dlib 库的人脸识别方法，需要的训练样本很少，可以只用一张训练样本。因为 Dlib 使用基于结构支持向量机的训练方法，该方法能够在每张图像的所有子窗口上进行训练，这意味着不再需要非常耗时的采样和"难例挖掘"。基于 Dlib 库的人脸识别方法，不需要很多训练样本就能够达到很好的识别效果，而基于 OpenCV 的训练方法需要几十张正样本和负样本，甚至更多。

7.4.4 基于 Dlib 库的人脸识别功能的运行测试

在本节中，我们会介绍一个强大、简单、易上手的人脸识别开源项目 face_recognition，基于这个简洁的人脸识别库，我们能够利用 Python 和命令行工具提取、识别人脸并对人脸进行操作。

1. 安装 face_recognition

在 Python2 环境下，使用以下命令安装 face_recognition：

```
$ pip install face_recognition
```

在 Python3 环境下，使用以下命令安装 face_recognition：

```
$ pip3 install face_recognition
```

2. 安装 OpenCV

在 Python2 环境下，使用以下命令安装 OpenCV：

```
$ pip install opencv-python
```

在 Python3 环境下，使用以下命令安装 OpenCV：

```
$ pip3 install opencv-python
```

3. 安装 PIL 库

在 Python2 环境下，使用以下命令安装 PIL 库：

```
$ pip install Pillow
```

在 Python3 环境下，使用以下命令安装 PIL 库：

```
$pip3 install Pillow
```

4. 人脸检测程序

本例使用的人脸检测程序 face_detection.py 如下：

```
# coding=utf-8
from PIL import Image
import face_recognition
import cv2


# 载入图片
# Load the jpg file into a numpy array
image = face_recognition.load_image_file("all.jpg")

# Find all the faces in the image using the default HOG-based model.
# This method is fairly accurate, but not as accurate as the CNN model and not GPU
  accelerated.
# See also: find_faces_in_picture_cnn.py

# 检测人脸位置
#HOG model
face_locations = face_recognition.face_locations(image)
#cnn model
#face_locations = face_recognition.face_locations (image, number_of_times_to_
  upsample=0, model="cnn")
print("I found {} face(s) in this photograph.".format(len(face_locations)))

# 将检测到的人脸分离出来，并输出检测到的人脸图片
for face_location in face_locations:

    #Print the location of each face in this image
    top, right, bottom, left = face_location
    print("A face is located at pixel location Top: {}, Left: {}, Bottom: {},
      Right: {}".format(top, left, bottom, right))
# 这段代码用于剪切出识别到的人脸
    # You can access the actual face itself like this:
    face_image = image[top:bottom, left:right]
    pil_image = Image.fromarray(face_image)
    pil_image.show()
```

我们新建一个名为 face 的文件夹作为人脸库，将剪切出来的人脸保存为图片，并将图片命名为对应的人名。例如，我们把小明的人脸图片保存到 face 文件夹下，并命名为 xiaoming.jpg。然后，运行在线人脸识别程序，当小明的脸出现在摄像头视野内时，会检测到人脸并识别为 xiaoming。人脸识别程序计算人脸数据库中的人脸特征，并与检测到的人脸特征进行匹配。当相似度大于某一阈值时，就在人脸

库中将其识别为对应的人。

5. 在 ROS 中使用 Dlib

以下程序通过订阅话题接收 Primesense 摄像头的视频流并进行人脸识别的处理，然后将识别出的人脸的名字以话题的方式发送出去。程序 dlibFace.py 的内容如下：

```python
#!/usr/bin/env python
# coding=utf-8
from __future__ import print_function

import roslib
roslib.load_manifest('imgpcl')
import sys
import rospy
import cv2
from std_msgs.msg import String
from sensor_msgs.msg import Image
from cv_bridge import CvBridge, CvBridgeError
import face_recognition
import os
import time

# 数据最小值位置
def getMinIndex(my_list):
    min = my_list[0]
    for i in my_list:
            if i < min:
                    min = i
    return my_list.tolist().index(min)

#face folder path
FindPath = "/home/isi/robook_ws/src/imgpcl/face"#
FileNames = os.listdir(FindPath)

# Load face in folder and learn how to recognize
known_name = []
known_image = []
known_face_encoding = []
face_number=0
for file_name in FileNames:
    fullfilename = os.path.join(FindPath,file_name)
    #print face_number,fullfilename
    known_name.append(file_name)
    known_image.append(face_recognition.load_image_file(fullfilename))
    known_face_encoding.append(face_recognition.face_encodings(known_image[face_
        number])[0])
    face_number += 1

......
```

```
# Load a sample picture and learn how to recognize it.
obama_image = face_recognition.load_image_file("people_face/yangyikang")
obama_face_encoding = face_recognition.face_encodings(obama_image)[0]

print "Next"
print obama_face_encoding
……
print (known_name)
# Initialize some variables
face_locations = []
face_encodings = []
face_names = []
process_this_cv_image = True
count=0
last_name = []
ifmaster=0
class image_converter:

    def __init__(self):
            self.image_pub = rospy.Publisher("image_topic_2",Image)
            self.person_name_pub = rospy.Publisher("person_name",String)
            self.bridge = CvBridge()
            self.image_sub = rospy.Subscriber("/camera1/rgb/image_raw",Image,self.
              callback)

    def callback(self,data):
            if ifmaster==0:
                try:
                    cv_image = self.bridge.imgmsg_to_cv2(data, "bgr8")
                except CvBridgeError as e:
                    print(e)
#############
            # Resize cv_image of video to 1/4 size for faster face recognition
              processing
                small_cv_image = cv2.resize(cv_image, (0, 0), fx=0.333, fy=0.333)

                    # Find all the faces and face encodings in the
                      current cv_image of video
                face_locations = face_recognition.face_locations(small_cv_image)
                face_encodings = face_recognition.face_encodings(small_cv_
                  image, face_locations)


                face_names = []
                for face_encoding in face_encodings:
                            # See if the face is a match for the known
                              face(s)
                    match = face_recognition.face_distance(known_face_
                      encoding, face_encoding)
                    print (match)
```

```
                     it=getMinIndex(match)

                     if match[it]>0.6:
                             name='uknown'
                     else:
                             name = known_name[it]

                     face_names.append(name[:-4])
                     global last_name
                     global count
                     if last_name==name:
                             count=count+1
                     else:
                             count=0
                     last_name=name
                     if count == 2:
self.person_name_pub.publish(name[:-4])

                             if name[:-4]=="jintianlei":
                                     global ifmaster
                                     ifmaster=1
                                     cv2.destroyAllWindows()
                 global process_this_cv_image
                 process_this_cv_image = not process_this_cv_image

                 # Display the results
                 for (top, right, bottom, left), name in zip(face_locations,
                   face_names):
                 # Scale back up face locations since the cv_image we detected
                   in was scaled to 1/4 size
                 top *= 3
                 right *= 3
                 bottom *= 3
                 left *= 3

                 # Draw a box around the face
                 cv2.rectangle(cv_image, (left, top), (right, bottom), (0, 0,
                   255), 2)

                 # Draw a label with a name below the face
                 #cv2.rectangle(cv_image, (left, bottom - 35), (right,
                   bottom), (0, 0, 255), cv2.FILLED)
                 cv2.rectangle(cv_image, (left, bottom - 35), (right, bottom),
                   (0, 0, 255), 2)
                 font = cv2.FONT_HERSHEY_DUPLEX
                 cv2.putText(cv_image, name, (left + 6, bottom - 6), font, 1.0,
                   (255, 255, 255), 1)

             # Display the resulting image
             cv2.imshow('Video', cv_image)
```

```
                    # Hit 'q' on the keyboard to quit!
                    #if cv2.waitKey(1) & 0xFF == ord('q'):
                    #    break

                    cv2.waitKey(3)
            ###################
                    try:
        self.image_pub.publish(self.bridge.cv2_to_imgmsg(cv_image, "bgr8"))
                    except CvBridgeError as e:
                        print(e)

def main(args):
    ic = image_converter()
    rospy.init_node('image_converter', anonymous=True)
    try:
            rospy.spin()
     except KeyboardInterrupt:
            print("Shutting down")
    cv2.destroyAllWindows()

if __name__ == '__main__':
    main(sys.argv)
```

读者也可以在本书资源中找到 7.4.4dlibFace.py，将其放在 imgpcl/src/ 文件夹下，并赋予权限；找到 7.4.4dlibFace.launch 放在 imgpcl/launch/ 文件夹下；将一张人脸图片放在 imgpcl/face/ 文件夹下，注意修改 dlibFace.py 中图片的路径位置。使用 Primesense 完成人脸识别。程序根据模板通过 Primesense 摄像头识别人脸，并将识别人脸的名字以话题的方式发送出去。

运行以下程序完成上述工作：

```
$ cd robook_ws
$ source devel/setup.bash
$ roslaunch imgpcl dlibFace.launch
```

7.5　使用 TensorFlow 识别手写数字

7.5.1　TensorFlow 简介

TensorFlow 是一个开源软件，它使用数据流图（data flow graph）完成数值计算，其灵活的体系结构支持用户在多个平台上执行计算，例如一个或多个 CPU（或 GPU）、服务器、移动设备等。TensorFlow 最初是由谷歌大脑团队（隶属于谷歌的机器智能研究机构）和从事机器学习、深度神经网络研究的研究人员开发的。由于该系统具有通用性，TensorFlow 在其他计算领域也得到了广泛应用。

以下给出了一些 TensorFlow 的学习资源。

❑ TensorFlow 英文官方网站：http://tensorflow.org/
❑ TensorFlow 中文社区：http://www.tensorfly.cn/
❑ 官方 GitHub：https://github.com/tensorflow/tensorflow
❑ 中文版 GitHub：https://github.com/jikexueyuanwiki/tensorflow-zh

7.5.2　安装 TensorFlow

在 Ubuntu14.04 上，用 pip 安装 TensorFlow 是最简单的方式。pip 是一个安装、管理 Python 软件包的工具，通过 pip 可以安装已经打包好的 TensorFlow 以及 TensorFlow 需要的依赖关系。

首先，确定自己电脑上安装的 Python 版本。在终端输入以下命令：

```
$ python
```

终端就会显示已经存在的 Python 版本。

然后，安装 pip 命令：

```
$ sudo apt-get install python-pip python-dev   # for Python 2.7
$ sudo apt-get install python3-pip python3-dev # for Python 3.n
```

接下来，安装 TensorFlow：

```
$ sudo pip  install tensorflow    # Python 2.7; CPU support
$ sudo pip3 install tensorflow    # Python 3.n; CPU support
```

注意：由于每台计算机情况不同，安装过程中可能出现不同的错误，大家可以根据出现的错误搜索解决方案。

TensorFlow 的安装方法不止一种，还有通过 Anaconda 安装、基于 Docker 安装等方法，大家可以从 https://www.tensorflow.org/install/install_linux 中获取最新的安装向导。

TensorFlow 有 CPU 和 GPU 版本，上述给出了 CPU 版本的安装。安装 GPU 版本之前需要先安装 Nvidia 显卡驱动、CUDA、CuDNN。

接下来，我们简单测试一下 TensorFlow 的安装是否成功。打开一个终端，输入"Python"，执行如下命令行，查看是否可以正常输出。

```
import tensorflow as tf
sess = tf.Session()
hello=tf.constant('Hello,Tensorflow!')
print(sess.run(hello))
a = tf.constant(28)
b = tf.constant(47)
print sess.run(a+b)
```

终端显示如图 7-10 所示：

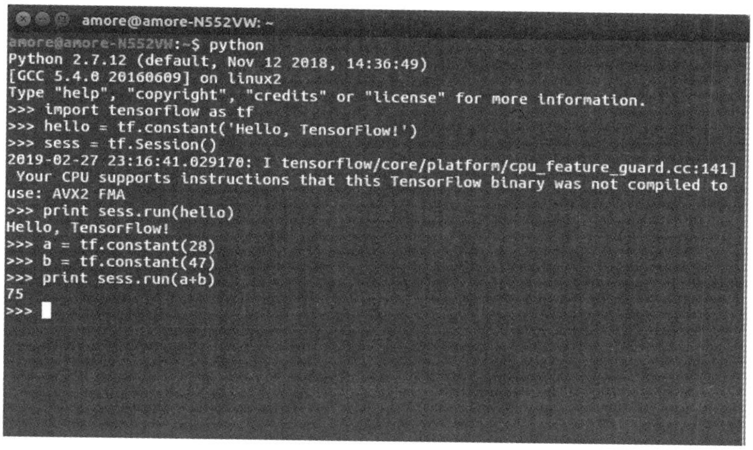

图 7-10　TensorFlow 安装成功界面

7.5.3　TensorFlow 的基本概念

TensorFlow 的特点是：使用图来表示计算任务；在被称为会话的上下文中执行图；使用张量表示数据；通过变量（Variable）维护状态；使用供给和提取可以为任意的操作（arbitrary operation）复制数据或者从其中获取数据。

1. 图

TensorFlow 使用图（Graph）来表示计算任务。图中的节点被称为 op（operation，操作）。一个 op 获得 0 个或多个张量（Tensor），执行计算后产生 0 个或多个张量，每个张量是一个类型化的多维数组。例如，一组图像集可以表示为一个四维浮点数数组 [batch, height, width, channels]。

对于上一节的测试代码：

```
hello=tf.constant('Hello,Tensorflow!')
a = tf.constant(28)
b = tf.constant(47)
```

其中进行的图的操作是使用 tf.constant() 方法创建一个常量 op，它将作为一个节点添加到图中，这就是构建图。

2. 会话

构建阶段完成之后，需要在会话（Session）中启动图。

首先，创建一个 Session 对象。

```
sess = tf.Session()
```

Session 类会将所有操作或节点放置到 CPU 或 GPU 之类的计算设备上。如果没有任何创建参数，会话构造器将启动默认图。

函数调用 run() 会触发图中 op 的执行：

```
print(sess.run(hello))
```

这代表它将执行名为"hello"的 op，并在终端打印出来。

Session 对象在使用完毕后需要关闭以释放资源，可以使用"with"代码块来自动完成关闭动作。例如：

```
with tf.Session() as sess:
    result = sess.run(hello)
    print result
```

3. 张量

张量（Tensor）数据结构代表所有的数据，操作间传递的数据都是 Tensor。Tensor 可以看作一个 n 维的数组或一个列表，一个 Tensor 包含一个静态类型 rank 和一个 shape。

4. 变量

变量（Variable）维护图执行过程中的状态信息。在运行期间，如果需要保存操作的状态，可以使用 tf.Variable() 来实现。下面的例子演示了如何使用 tf.Variable()。

创建一个变量，初始化为标量 0：

```
state = tf.Variable(0, name="counter")
```

创建一个 op，作用是使 state 加 1（tf.assign 的作用是将 new_value 的值赋给 state）。

```
one = tf.constant(1)
new_value = tf.add(state, one)
update = tf.assign(state, new_value)
```

启动图后，需要使用 tf.initialize_all_variables() 函数将变量一次性初始化：

```
init_op = tf.initialize_all_variables()
```

运行图使其生效：

```
with tf.Session() as sess:
    sess.run(init_op)
    print sess.run(state)
    for _ in range(3):
    sess.run(update)
    print sess.run(state)
```

这样就实现了计数功能。

5. 提取

会话运行完成之后，我们可以通过提取（fetch）来查看会话运行的结果。在使用 Session 对象中的 run() 方法时，将 op 传递给 run()，并以 Tensor 提取输出。例如：

```
a = tf.constant(28)
```

```
b = tf.constant(47)
add = tf.add(a,b)
sess = tf.Sessions()
result = sess.run(add)
print (result)
```

提取的可以是单个或者多个 Tensor。值得注意的是，如果需要获取多个 Tensor 值，是在 op 的一次运行中一起获得，而不是逐个获取。

6. 供给

供给（Feed）机制允许在图执行过程中供给 Tensor。这时，首先需要使用 tf.placeholder() 函数来创建占位符，定义 feed 对象，之后 feed 对象可以作为 run() 方法调用的参数。

```
x = tf.placeholder(tf.float32)
y = tf.placeholder(tf.float32)
output = tf.multiply (x,y)
with tf.Session() as sess:
    print(sess.run([output],feed_dict={x:[7.],y:[2.]}))

# output:
# [array([14.], dtype=float32)]
```

需要注意的是，feed 对象只在调用它的方法内有效，方法结束，feed 就会消失。

7.5.4　使用 TensorFlow 进行手写数字识别

本节的示例工程包为 ch7_ros_tensorflow，主要程序为 example_mnist.py。本程序的 mnist 数据集来自美国国家标准与技术研究所，可从 http://yann.lecun.com/exdb/mnist/ 获取，也可以通过工程包中的 input_data.py 导入到项目中，通过 train.py 进行训练得到模型。接下来，将逐段分析 example_mnist.py 程序的主要代码。

首先，需要导入模块：

```
import rospy
from sensor_msgs.msg import Image
from std_msgs.msg import Int16
from cv_bridge import CvBridge
import cv2
import numpy as np
import tensorflow as tf
import os
```

其中，rospy 有 ROS PythonAPI ；从 sensor_msgs 导入 Image 消息，处理图像消息；cv_bridge 实现 ROS 图像与 OpenCV 数据类型之间的转换；numpy 和 TensorFlow 模块用于对图像进行分类处理；使用 os 模块调用系统命令。

构造 CNN 卷积神经网络模型之后，代码的后半部分为类 RosTensorFlow() 的构造函数：

```
class RosTensorFlow():
    def __init__(self):
```

为 ROS 和 OpenCV 图像转换创建一个 cv_bridge 对象：

```
self._cv_bridge = CvBridge()
```

使用 tf.train.Saver() 保存模型，创建 Session() 对象。初始化变量，运行会话：

```
self._saver = tf.train.Saver()
self._session = tf.InteractiveSession()
init_op = tf.initialize_all_variables()
self._session.run(init_op)
```

使用 saver.restore() 从指定路径中读取模型：

```
ROOT_PATH = os.path.abspath(os.path.join(os.path.dirname(__file__), os.pardir))
PATH_TO_CKPT = ROOT_PATH + '/include/model.ckpt'
self._saver.restore(self._session, PATH_TO_CKPT)
```

本程序订阅来自 “/image_raw” 主题，并在 “/result” 中发布识别的结果。订阅者和发布者句柄如下：

```
self._sub = rospy.Subscriber('usb_cam/image_raw', Image, self.callback, queue_
    size=1)
self._pub = rospy.Publisher('/result', Int16, queue_size=1)
```

将 ROS 图像消息转换为 OpenCV 数据类型的图像回调，并进行一些其他处理：

```
def callback(self, image_msg):
    cv_image = self._cv_bridge.imgmsg_to_cv2(image_msg, "bgr8")
    cv_image_gray = cv2.cvtColor(cv_image, cv2.COLOR_RGB2GRAY)
    ret,cv_image_binary = cv2.threshold(cv_image_gray,128,255,cv2.THRESH_BINARY_INV)
    cv_image_28 = cv2.resize(cv_image_binary,(28,28))
    np_image = np.reshape(cv_image_28,(1,28,28,1))
```

TensorFlow 进行识别，将可能的结果放到 predict_num 数组中。然后，取其中最有可能的值，最后得到结果，并在 “/result” 主题下发布：

```
predict_num = self._session.run(self.y_conv,feed_dict = {self.x : np_image, self.
    keep_prob : 1.0})
answer = np.argmax(predict_num,1)
rospy.loginfo('%d' % answer)
self._pub.publish(answer)
```

初始化类并在 RosTensorFlow() 对象中调用 main() 方法：

```
def main(self):
        rospy.spin()
if __name__ == '__main__':
    rospy.init_node('ros_tensorflow_mnist')
    tensor = RosTensorFlow()
    tensor.main()
```

　　main() 方法会运行节点的 spin()，每当主题 "/image_raw" 有图像数据进入时会执行回调。

　　在 launch 文件下创建 example_mnist.lauch 文件：

```
<launch>

    <node pkg = "ch7_ros_tensorflow" name = "example_mnist" type = "example_mnist.
    py" output = "screen">
    </node>

</launch>
```

　　接下来，运行节点进行手写数字识别。顺利运行其中一个节点的前提是安装了 OpenCV 和 usb_cam 包。

　　运行 roscore：

```
$ roscore
```

　　运行摄像头：

```
$ roslaunch usb_cam usb_cam-test.launch
```

　　运行手写数字识别节点：

```
$ roslaunch ch7_ros_tensorflow example_mnist.launch
```

　　通过 echo 命令查看 /result 主题的结果：

```
$ rostopic echo /result
```

　　进行识别的画面如图 7-11 所示。

　　本章主要探讨了机器人识别并跟随主人的功能、从多人中识别出主人的挥手召唤的功能、物体识别与定位功能、识别视野范围内的人脸及性别功能，以及使用 TensorFlow 识别手写数字等功能。这些功能都是基于机器人视觉功能实现的。对机器人视觉功能的进阶学习，有助于实现更多机器人更多的操作功能和应用。

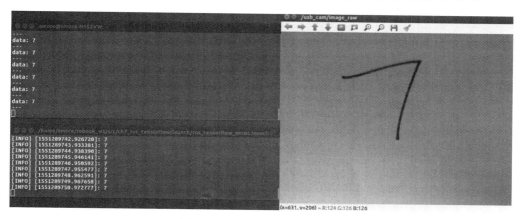

图 7-11　识别手写数字的界面

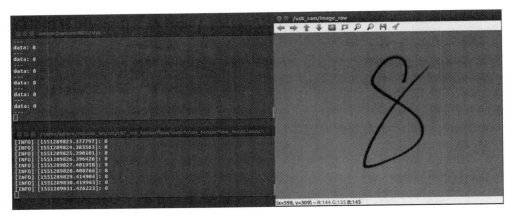

图 7-11　（续）

习题

1. 实现用语音指令指示机器人跟随，并用语音指令停止跟随。
2. 在多于 3 个人的环境中实现挥手召唤机器人的功能。
3. 在 4 个人以上环境中识别人脸和主人，判断性别并用语音播报。

参考文献

[1] 郑斌珏 . Kinect 深度信息的手势识别 [D]. 杭州：杭州电子科技大学，2014.

[2] 刘松 . 面向移动服务机器人的部分特殊姿态识别及云应用扩展研究 [D]. 合肥：中国科学技术大学，2016.

[3] Viola P , Jones M . Rapid Object Detection using a Boosted Cascade of Simple Features[C]. Proceedings of the 2001 IEEE Computer Society Conference on Computer Vision and Pattern Recognition, Kauai, HI, USA, Dec. 8-14, 2001,511-518.

[4] 王莹 . AdaBoost 算法在人脸检测中的应用 [J]. 电脑迷，2017(4), 192-192.

[5] Freund Y, Schapire R E. A desicion-theoretic generalization of on-line learning and an application to boosting[C].European Conference on Computational Learning Theory. 1995:119-139.

[6] 王琳琳 . 基于肤色模型和 AdaBoost 算法的人脸检测研究 [D]. 西安：长安大学，2014.

[7] 李晶 . 基于 TensorFlow 的交通标识智能识别系统设计 [D]. 天津：天津工业大学，2018.

[8] 邱迪 . 基于 HSV 与 YC_rC_b 颜色空间进行肤色检测的研究 [J]. 电脑编程技巧与维护，2012(10): 74-75.

[9] 吴要领 . 基于 YC_rC_b 色彩空间的人脸检测算法的设计与实现 [D]. 成都：电子科技大学，2013.

[10] 张争珍，石跃祥 . YC_gC_r 颜色空间的肤色聚类人脸检测法 [J]. 计算机工程与应用，2009, 45(22):163-165.

[11] 覃跃虎，支玪，徐奕 . 基于三维直方图的改进 Camshift 目标跟踪算法 [J]. 现代电子技术，2014, 37(2): 29-33, 37.

[12] Dlib. Dlib C++ Library [EB/OL]. http://dlib.net/.

[13] 张枝令 . Python 实现基于深度学习的人脸识别 [J]. 电子商务，2018(5): 47, 96.

[14] 岳亚 . 基于深度相机人脸与行人感知系统的设计与实现 [D]. 杭州：浙江大学，2017.

CHAPTER 8
第 **8** 章

机器人自主导航功能

机器人经常需要在特定空间自主移动，实现响应召唤、传递物体等功能，这就要求机器人具有自主定位和导航功能。要实现自主导航功能，首先要有移动的基座以及采集环境信息的感知器。本书使用机器人 TurtleBot2，即以 Kobuki 基座作为研发基座，通过其自身的视觉传感器 Kinect Xbox 360 采集环境信息以实现导航。

在本章中，我们首先会介绍自主导航关键技术，包括机器人定位与建图、路径规划等；接着会介绍 Kobuki 基座模型的运动学分析；最后介绍 ROS 的导航功能包集，并学习如何在 Turtlebot 上配置和使用导航功能包集。

通过本章的学习，读者应该对自主导航关键技术的理论知识有初步的认识，了解机器人基座的运动学模型，并学习如何使用 ROS 导航功能包集实现 TurtleBot2 机器人自主导航运动。

8.1 机器人自主导航的关键技术

所谓机器人自主导航是指机器人根据系统给定的目标点，通过自身或环境中的传感器感知环境和自身状态，绘制地图，并根据地图信息规划出全局路径。在移动过程中，不断感知环境信息的变化，进行局部路径规划，在有障碍物的环境中实现无碰撞的自主移动，最终到达给定的目标点，完成给定的任务。

环境感知与导航定位是移动机器人实现自主化与智能化要解决的基本的问题。

8.1.1 机器人的定位与建图

1. 机器人定位的方法

机器人定位是指机器人确定它所处的二维或三维环境中的位姿（位置和航向）的过程，不同的定位方法需要采用的传感器系统和处理方法也不同。常用的定位方法主要有相对定位和绝对定位两种。

相对定位方法主要有以下两种：

1）**航位推算**：在知道当前位置的情况下，通过测量已经移动的距离和方位，可以推算出下一时刻的位置。航位推算常使用的传感器有里程计和航向陀螺仪。这种方法的优点是采样率高、计算简单且价格低廉。但是,这种方法容易产生定位误差累积,必须采用一定的方式不断对误差进行修正。

2)**惯性定位**:利用陀螺仪测量角速度,用加速度计测量加速度,根据测量值的一次积分和二次积分就可以计算出相对于起始位置的移动距离和偏转角度。

相对定位的基本原理就是通过传感器测量值计算机器人相对于初始位置的距离值和偏转角度。随着时间的增加,误差通常会被累积并放大,因此相对定位法不适合较长距离的移动定位。相比之下,绝对定位可以有效地降低累积误差,因为它是通过测量机器人的绝对位置来实现定位的。绝对定位的方法主要有以下几种:

1)**路标定位**:通过测量机器人与路标之间的相对位置来实现定位。路标可以是人工放置的路标,也可以是具有明显特征的容易被识别的自然路标。

2)**卫星定位**:是指通过高精度的空间卫星信号实现定位。卫星定位范围广,但是存在近距离定位偏差大的问题。

3)**匹配定位**:是指先通过机器人自身的传感器获取的环境信息构造局部地图,然后与完整的全局地图进行比较,计算出机器人的当前位置和航向。该方法适合在已知环境中移动。

ROS 中的导航工程包集在有全局地图的导航中采用匹配定位的方法,它通过 KLD-AMCL 算法进行定位。AMCL(Adaptive Monte Carlo Localization,自适应蒙特卡洛定位)方法是二维环境下移动机器人基于概率的定位系统,并使用粒子滤波对机器人在已知的地图中进行位姿跟踪。ROS 导航工程包集采用 KLD(Kullback Leibler Distance)采样方法,即 KLD-AMCL 算法,通过计算最大似然估计样本和 KL(Kullback-Leibler)距离值的后验概率,减少了粒子数并保证了采样误差的下限。

KLD-AMCL 假设粒子服从离散的分段常数分布,可以由 $X = (X_1, \cdots, X_k)$ 这 k 个不同的 bin 表示,并且用 $p = (p_1, \cdots, p_k)$ 表示每个 bin 的概率。KLD-AMCL 算法的处理流程如下:

输入: $S_{t-1} = \left\{ \left\langle x_{t-1}^{(i)}, \omega_{t-1}^{(i)} \right\rangle, i = 1, \cdots, n \right\}$(其中 $x_{t-1}^{(i)}$ 是一个状态; $\omega_{t-1}^{(i)}$ 是非负的数值因子,称为重要性权重; u_{t-1} 是控制度量,观测量为 z_t,界限为 ε 和 δ,最小样本数为 $n_{x_{\min}}$)

$S_t := 0, n = 0, n_x = 0, k = 0, \alpha = 0$;

Do

从由 S_{t-1} 中的权重给出的离散分布中采样一个索引 j;

用 $x_{t-1}^{(j)}$ 和 u_{t-1} 给 $x_t^{(n)}$ 采样;

$\omega_t^{(n)} := p(z_t \mid x_t^{(n)})$;

$\alpha := \alpha + \omega_t^{(n)}$;

$S_t := S_t \cup \left\{ \left\langle x_t^{(n)}, \omega_t^{(n)} \right\rangle \right\}$;

---

if($x_t^{(n)}$ 落在空 bin b 中) **then**

$\quad k := k+1$

$\quad b := non\text{-}empty$

$$n_x := \frac{k-1}{2\varepsilon}\left\{1-\frac{2}{9(k-1)}+\sqrt{\frac{2}{9(k-1)}}z_{1-\delta}\right\}^3$$

$n := n+1$

while ($n < n_x$)

for $i := 1,\cdots,n$ **do**

$\quad \omega_t^{(i)} := \omega_t^{(i)}/\alpha$

return S_t

2. 地图构建方法

地图构建是指建立机器人所处的环境模型的过程。在这个过程中，通过描述机器人的工作环境，并结合各种传感器信息，画出机器人移动路径规划的地图。常用的地图表示方法有栅格地图、几何地图和拓扑地图。ROS 导航工程包集使用的是栅格地图。

1）栅格地图的原理是把整个工作环境划分为一系列大小一样的栅格，每个栅格赋值为 0 或 1，1 表示该栅格被占用，0 表示该栅格空闲。同时，给每个栅格设一个阈值，当栅格被障碍物占据的概率超过阈值时，标记栅格状态值为 1，反之标记为 0。栅格地图不依赖物体的具体形状，而是采用概率的方式进行划分，因此容易创建和维护。但该方法对环境规模的限制比较大，当工作环境规模较大时，栅格数量将增大，占用的内存也将增大，更新所维护的地图会占用大量的时间，导致实时性降低。

2）几何地图表示法是指通过从传感器采集的环境信息中提取有关的几何特征（如点、直线、面）来描述环境。要获得环境的几何特征，还需要一定数量的传感器数据，并对这些感知数据进行相应的处理。同时，为了保证地图的一致性，必须要求各观测信息的位置是相对精确的。

3）拓扑地图表示法是将环境中的重要位置点表示为节点，节点间的连接线表示重要位置间的路径信息，权值表示对应的距离代价。该方法表示的地图较为紧凑，占用的空间较少，不需要获取非常准确的位置信息，因此路径规划的速度较快。该方法的缺点是创建和维护困难，容易累计定位误差，且不适宜表示非结构化的环境。

3. 同时定位与地图创建

移动机器人的同时定位与地图创建（Simultaneous Localization and Mapping，SLAM）问题是移动机器人自主导航的基础，也是其真正实现自主化和智能化的重要条件之一。所谓 SLAM 就是将移动机器人定位与环境地图创建融为一体，即机器人在运动过程中根据自身位姿估计和传感器对环境的感知构建增量式环境地图，同时利用该地图实现自身的定位。

　　SLAM 的通用架构如图 8-1 所示。机器人以出发位姿作为初始位姿开始运动，由于机器人对环境一无所知，只能依靠自身里程计的数据进行位姿估计，同时对利用传感器获取的环境信息进行相应的处理，并提取特征值，创建当前位置的局部地图。利用已有的全局地图信息进行特征匹配，通过观测值来更新相应的特征值进行数据关联，将局部地图并入全局地图从而进行更新。同时，利用对路标的观测值来纠正机器人的当前位置，降低因位姿估计产生的累积误差。

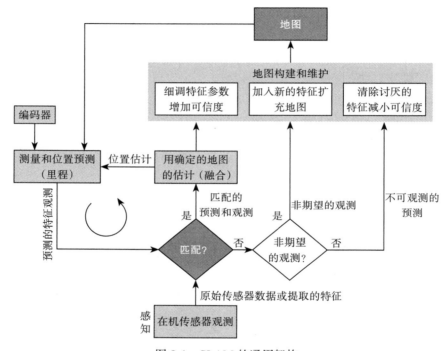

图 8-1　SLAM 的通用架构

　　在 ROS 的导航工程包集中使用 gmapping 包的 slam_gmapping 节点来创建地图，其中采用基于粒子滤波的 Rao-Blackwellized 算法⊖来保持对机器人自身位置的追踪。

8.1.2　路径规划

　　机器人路径规划问题可以描述为寻找机器人从起始点移动到目标点的一条完全无碰撞路径，且尽可能地走最短的距离。根据路径规划时对环境信息的不同要求，机器人路径规划算法可以分为两类：一类是全局路径规划算法，它要求规划时整个环境信息是已知的，并且不能发生变化；另一类是局部路径规划。在进行局部路径

⊖　算法细节可以参考：Grisetti G , Stachniss C , Burgard W . Improved Techniques for Grid Mapping With Rao-Blackwellized Particle Filters[J]. IEEE Transactions on Robotics, 2007, 23(1):34-46.

规划时，机器人所处的工作环境大多是动态变化的，并且机器人事先对此环境一无所知。

1. 全局路径规划

全局路径规划问题可以描述为在已知的环境地图中，寻找一条无碰撞的最优或次优路径。近 20 年来，最优路径规划问题一直是机器人导航技术中的研究热点。目前，国内外研究者已经提出了很多方法，这些方法大致可以分为两类：传统方法和智能方法。传统方法如常用的 A* 算法、Dijkstra 算法、人工势场法、可视图法等。近年来，越来越多的智能方法被应用到机器人领域，如模糊控制、神经网络和遗传算法等。

ROS 的导航工程包集提供了 A* 和 Dijkstra 两种全局路径规划算法。本节主要介绍 A* 算法。

A* 算法计算代价地图上的最小代价路径，将其作为机器人全局导航的路线。A* 算法的估价函数为：

$$f(n) = g(n) + h(n)$$

其中，$f(n)$ 为起始点经过当前点 n 到最终目标点的估价函数；$g(n)$ 为起始点到当前点 n 的最优代价值，其为确定值；$h(n)$ 为当前点 n 到目标点的估计代价。

A* 算法的路径搜索过程如下：

1）创建两个表 OPEN 和 CLOSED，所有已生成而未考察的点保存在 OPEN 表中，已访问的点保存在 CLOSED 表中。将初始点 S 放入 OPEN 表中，并将 CLOSED 表设置为空。

2）重复以下步骤直到找到最佳路径。

3）遍历 OPEN 表，查找 $f(n)_{min}$ 并将其作为最佳点，将此节点移入 CLOSED 表中。

4）如果当前最佳点为目标点，则成功搜索得到一个解；如果不是目标点，则将该点的相邻点作为后继点，并对每一个后继点执行以下过程：

①如果后继点为障碍物或已移入 CLOSED 表中，则忽略此点。

②如果后继点不在 OPEN 表中，则将其移入 OPEN 表，并将当前最佳点设置成其父节点，并记录 $f(n)$。

③如果后继点在 OPEN 表中，通过 $g(n)$ 对 OPEN 表中的点进行再判断；如果有更小值，则将该后继点的父节点设置为当前最佳点，并重新计算 $f(n)$ 和 $g(n)$。

④当目标点移入 OPEN 表中时，表示路径已找到，否则搜索失败，且 OPEN 表为空，即没有路径。

5）保存得到的路径，该路径从目标点开始沿父节点移动到起始点。

2. 局部路径规划——机器人避障

常用的机器人避障算法有 APF（Artifical Potential Field）算法、VFH（Vector

Field of Histogram）算法、DWA（Dynamic Window Approach）算法等。

（1）APF 算法

APF 算法即人工势场法，不仅能够用于机器人的全局路径规划，也能应用于局部环境的实时避障。

（2）VFH 算法

VFH 算法是 Borenstein 和 Koren 提出的一种避障算法。该方法使用二维直角坐标系中的直方图来描述障碍物信息，直方图中的每一个栅格都拥有一个确定的值，用于表示在该栅格中存在障碍物的可信度。

（3）DWA 算法

DWA 是一种从机器人运动动力学衍生出来的算法，因此特别适合用于高速移动机器人的操作。与前面介绍的方法不同的是，DWA 是在速度空间中直接计算出机器人平移和旋转的控制命令。

ROS 的导航工程包集提供了动态窗口方法（Dynamic Window Approaches，DWA）与 Trajectory Rollout 方法进行局部路径规划。

局部路径规划的目标是：给定一个跟踪路径和一个代价地图，控制器产生速度命令并发送到移动基座。通过使用地图，规划器为机器人创建一个从起点到目标位置的运动轨迹。在此过程中，规划器至少在机器人的局部创建了一个值函数，用网格图表示。这个值函数对遍历网格单元的成本进行编码。控制器的工作是使用这个值函数来确定发送给机器人的 x、y、$theta$ 速度。

Trajectory Rollout 与 DWA 算法的基本思想类似，如下所示：

1）在机器人控制空间（dx，dy，dtheta）中进行离散采样。

2）对于每个采样速度，从机器人的当前状态进行正向模拟，以预测应用采样速度一段（短）时间之后会发生什么。

3）使用一个包含以下特征的指标：接近障碍物、接近目标、接近全局路径和速度，评估（评分）由正向模拟产生的每个轨迹，丢弃非法轨道（那些与障碍物碰撞的轨道）。

4）选择得分最高的轨迹，并将相关的速度发送到移动基座。

5）更新并重复上述步骤。

DWA 与 Trajectory Rollout 算法在机器人控制空间的采样方式上有所不同。Trajectory Rollout 算法从整个正向模拟期间的可实现速度中采集样本，并给出机器人的加速度限制；而 DWA 算法仅从一个模拟步骤的可实现速度中采集样本，并给出机器人的加速度限制。这意味着 DWA 是一种更高效的算法，因为它在较小的空间进行采样，但由于 DWA 前向模拟不是恒定加速度，因此对于具有较低加速度限制的机器人，Trajectory Rollout 算法可能优于 DWA 算法。然而，实践发现，DWA 和 Trajectory Rollout 算法具有相似的性能，但是使用 DWA 可以提高效率。

8.2　Kobuki 基座模型的运动学分析

　　机器人基座的运动控制是自主导航的前提，不同类型基座的设计结构和驱动器决定了不同的运动方式。典型的驱动方式有差分驱动（差动）、同步驱动和全方位驱动等。由于本书使用的 Kobuki 基座采用两轮差动机械结构，所以这里只介绍差分驱动。

　　差分驱动是自主移动机器人常用的驱动方式。在这种方式下，由两个对称的驱动电机驱动机器人前进或通过左右轮的差速比转向。两轮差动机器人基座的机械结构如图 8-2 所示。机器人有两个半径为 r 的车轮，且两车轮距机器人中心 O_R 的距离均为 l；没有转向轮，仅有两同轴固定轮，通过两轮差动实现转向；增加一个或多个万向轮不改变其运动学特征。Kobuki 基座前后有两个对称的万向轮，以增加其移动稳定性。

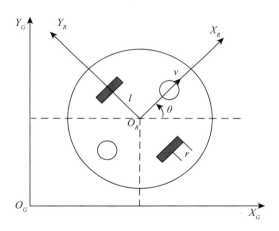

图 8-2　机器人底盘的机械结构与运动学模型

　　图 8-2 也显示了两轮差动机器人的全局参考坐标系（$X_G O_G Y_G$）和机器人参考坐标系（$X_R O_R Y_R$）。为了确定机器人的位置，选择机器人基座上的中心点 O_R 作为其位置参考点。O_R 在全局参考坐标系中的位置由坐标 x 和 y 表示，局部参考坐标系与全局参考坐标系之间的角度差由 θ 给出。机器人的姿态 ξ_G 可以用这三个变量描述为一个向量：

$$\boldsymbol{\xi}_G = \begin{bmatrix} x \\ y \\ \theta \end{bmatrix} \tag{8.1}$$

　　坐标系间的变换可用以下标准正交旋转矩阵表示：

$$\boldsymbol{R}(\theta) = \begin{bmatrix} \cos(\theta) & \sin(\theta) & 0 \\ -\sin(\theta) & \cos(\theta) & 0 \\ 0 & 0 & 1 \end{bmatrix} \tag{8.2}$$

坐标系间的映射关系如下：

$$\boldsymbol{\xi}_R = \boldsymbol{R}(\theta)\boldsymbol{\xi}_G \tag{8.3}$$

可以得到速度在坐标系间的映射关系如下：

$$\dot{\boldsymbol{\xi}}_R = \boldsymbol{R}(\theta)\dot{\boldsymbol{\xi}}_G \tag{8.4}$$

在机器人轨迹规划中，要求控制机器人在每个控制步中以指定的速度和姿态达到指定的位置。若不考虑系统动力学特性，直接对各轮速度进行控制，则该控制为一种运动学控制。

给定半径为 r 的车轮，且两车轮距机器人中心 O_R 的距离均为 l，全局参考坐标系和局部参考坐标系之间的角度差为 θ，左右轮的转速为 ω_l 和 ω_r，则世界坐标系中机器人的运动学模型为：

$$\dot{\boldsymbol{\xi}}_G = \begin{bmatrix} \dot{x} \\ \dot{y} \\ \dot{\theta} \end{bmatrix} = f(l, r, \theta, \omega_l, \omega_r) \tag{8.5}$$

由坐标系间的映射关系公式（8.4）可得：

$$\dot{\boldsymbol{\xi}}_G = \boldsymbol{R}(\theta)^{-1}\dot{\boldsymbol{\xi}}_R \tag{8.6}$$

左右轮的线速度分别为 $r\omega_l$ 与 $r\omega_r$，机器人的线速度为两个轮的平均速度：

$$\dot{x}_R = r\frac{\omega_l + \omega_r}{2} \tag{8.7}$$

因为在机器人参考坐标系中，没有一个轮子能提供横向运动，所以 $\dot{y}_R$ 总是 0。

如果左轮单独转动，机器人的转轴围绕右轮，则可以在 O_R 点计算旋转角速度 ω_1，因为轮子瞬时地沿着半径为 $2l$ 的圆的圆弧移动：

$$\omega_1 = \frac{r\omega_l}{2l} \tag{8.8}$$

可以用同样的方法计算右轮单独转运，只是向前旋转在点 O_R 产生顺时针转动：

$$\omega_2 = -\frac{r\omega_r}{2l} \tag{8.9}$$

可得机器人的转速：

$$\dot{\theta}_R = r\frac{\omega_l - \omega_r}{2l} \tag{8.10}$$

将公式（8.7）、公式（8.10）带入公式（8.6），可得：

$$\dot{\boldsymbol{\xi}}_G = \boldsymbol{R}(\theta)^{-1}\dot{\boldsymbol{\xi}}_R = \boldsymbol{R}(\theta)^{-1}\begin{bmatrix} r\dfrac{\omega_l + \omega_r}{2} \\ 0 \\ r\dfrac{\omega_l - \omega_r}{2l} \end{bmatrix} = \frac{r}{2}\begin{bmatrix} \cos(\theta) & -\sin(\theta) & 0 \\ \sin(\theta) & \cos(\theta) & 0 \\ 0 & 0 & 1 \end{bmatrix}\begin{bmatrix} \omega_l + \omega_r \\ 0 \\ \dfrac{\omega_l - \omega_r}{l} \end{bmatrix} \tag{8.11}$$

对上式进行化简，得到：

$$\dot{\boldsymbol{\xi}}_G = \begin{bmatrix} \dot{x} \\ \dot{y} \\ \dot{\theta} \end{bmatrix} = \frac{r}{2}\begin{bmatrix} \cos(\theta) & 0 \\ \sin(\theta) & 0 \\ 0 & 1 \end{bmatrix}\begin{bmatrix} \omega_l + \omega_r \\ \dfrac{\omega_l - \omega_r}{l} \end{bmatrix} \tag{8.12}$$

设机器人的运动速度 $v = r\dfrac{\omega_l + \omega_r}{2}$，角速度 $\omega = r\dfrac{\omega_l - \omega_r}{2l}$，则差分驱动机器人在全局坐标系下模型为：

$$\dot{\boldsymbol{\xi}}_G = \begin{bmatrix} \dot{x} \\ \dot{y} \\ \dot{\theta} \end{bmatrix} = \begin{bmatrix} \cos(\theta) & 0 \\ \sin(\theta) & 0 \\ 0 & 1 \end{bmatrix}\begin{bmatrix} v \\ \omega \end{bmatrix} \tag{8.13}$$

8.3　导航工程包集

8.3.1　导航工程包集概述

导航工程包集（navigation stack）的概念相当简单，它接收来自里程计和传感器流的信息，并输出速度命令到移动基座。然而，在任意机器人上使用导航工程包集要复杂一些。导航工程包集使用的先决条件是机器人必须运行 ROS，具有适当的 tf 转换树，并使用正确的 ROS 消息类型发布传感器数据。此外，导航工程包集需要配置机器人的形状和动力学参数，以便在高级别执行。

8.3.2　硬件需求

虽然导航工程包集被设计为尽可能通用，但有三个硬件要求限制了其使用：

1）仅适用于差速驱动和完整轮式机器人。它假设移动基座是通过发送所需的速度命令来控制的，以 x 速度、y 速度、$theta$ 速度的形式来实现。

2）它需要一个安装在移动基座上的平面激光器，用于地图的建立和定位。

3）导航工程包集是在一个正方形机器人上开发的，因此它的性能在接近正方形或圆形的机器人上最好。虽然它可用于任意形状和大小的机器人，但在狭窄的空间，如门口，大型矩形机器人可能会遇到困难。

8.4　导航工程包集的使用基础

8.4.1　导航工程包集在机器人上的安装与配置

本节主要说明如何在任意机器人上运行导航工程包集，主要包括：使用 tf 发送转换、发布里程计信息、通过 ROS 发布激光传感器数据，以及配置基本导航工程包集。

1. 机器人的构建

导航工程包集的运行假定以特定方式配置机器人。图8-3显示了此配置的概述。白色组件是已经实现的必需组件，浅灰色组件是已经实现的可选组件，深灰色组件是必须为每个机器人平台创建的组件。以下提供了使用导航工程包集的先决条件以及如何满足每个要求的说明。

（1）ROS

导航工程包集假设机器人使用ROS，前面的章节已经对安装ROS进行了说明。

（2）转换配置

导航工程包集要求机器人使用tf发布有关坐标系之间关系的信息。关于配置的详细过程可以查看8.4.2节。

（3）传感器信息

导航工程包集使用来自传感器的信息以避免障碍，它假设这些传感器通过ROS发布sensor_msgs/LaserScan或sensor_msgs/PointCloud信息。有关通过ROS发布这些消息的信息，请参阅8.4.5节。此外，一些已经有了ROS上的驱动的传感器亦可应用于此。

（4）里程计信息

导航工程包集要求使用tf和nav_msgs/Odometry消息发布里程计信息。关于如何发布里程计信息可以参考本书8.4.4节。

（5）基座控制器

导航工程包集假定可以通过"cmd_vel"话题发送基于机器人的基坐标系的消息geometry_msgs/Twist以发出速度命令，这意味着必须有一个节点订阅"cmd_vel"话题，该话题能够执行 (vx, vy, vtheta) <==> (cmd_vel.linear.x, cmd_vel.linear.y, cmd_vel.angular.z) 的速度转换，并转换为电机命令发送给移动基座。

（6）地图

导航工程包集的配置并不要求必须有一张地图，但考虑到实际情况，导航的过程中还是要有一张地图。关于如何创建一张地图，可以参考本书的介绍使用Turtlebot创建地图，也可以参考http://wiki.ros.org/slam_gmapping/Tutorials/MappingFromLoggedData了解如何创建二维地图。

2. 配置导航工程包

本节将介绍如何在机器人上构建和配置导航工程包集。假设上述机器人配置的所有要求都已满足。具体来说，包括机器人必须使用tf发布坐标系的信息，从所有用于导航包的传感器接收sensor_msgs/LaserScan或sensor_msgs/PointCloud消息，并发布使用tf和nav_msgs/Odometry的消息，同时接收速度命令并发送到机器人基座。

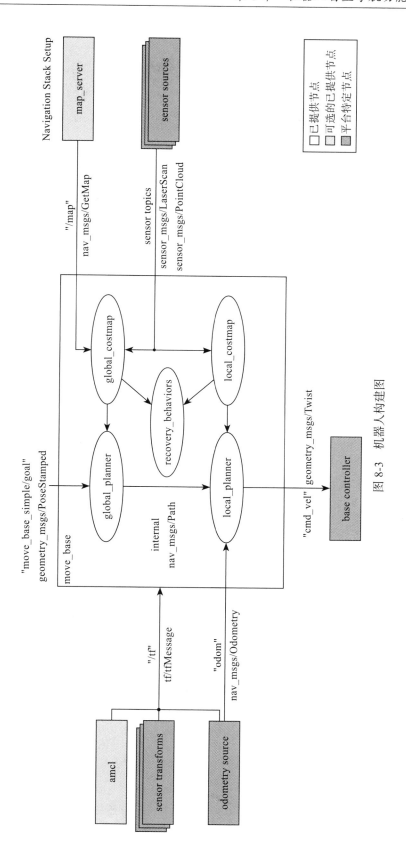

图 8-3　机器人构建图

（1）创建一个工程包

首先创建一个工程包，我们将在其中存储导航包的所有配置和启动文件。这个工程包含用于满足上述"机器人的构建"部分需要的任何工程包的依赖，并包含导航包的高级接口的 move_base 包。接下来，为这个工程包选择一个位置（robook/src 或者其他）并运行以下命令：

```
$ cd robook_ws/src
$ catkin_create_pkg my_robot_name_2dnav move_base my_tf_configuration_dep my_odom_
  configuration_dep my_sensor_configuration_dep
```

此命令将创建一个工程包，其中包含在机器人上运行导航包所需的依赖项。在这里，导航包和依赖项的名称都需要根据自身情况而定，该命令中只是给出了一个具有解释性的名称的例子。

（2）创建机器人启动配置文件

现在我们已经为所有配置和 launch 启动文件创建了一个工作空间，接下来将创建一个 roslaunch 文件，该文件将启动机器人所需的硬件并发布机器人所需的 tf。打开编辑器，并将以下代码段粘贴到名为 my_robot_configuration.launch 的文件中。可以用实际机器人的名称替换文本"my_robot"，但必须对 launch 文件名进行类似的更改。（这里的文件名只是举例，由于每个人的取名可能会不同，在后文中，该文件名都将用 my_robot_configuration.launch 表示。）

```
<launch>

  <node pkg="sensor_node_pkg" type="sensor_node_type" name = "sensor_node_name"
    output="screen">
    <param name="sensor_param" value="param_value" />
  </node>
  <node pkg="odom_node_pkg" type="odom_node_type" name="odom_node" output="screen">
    <param name="odom_param" value="param_value" />
  </node>
  <node pkg = "transform_configuration_pkg" type = "transform_configuration_type"
    name = "transform_configuration_name" output = "screen">
    <param name="transform_configuration_param" value="param_value" />
  </node>

</launch>
```

现在我们有了一个 launch 启动文件的模板，但还是需要针对特定的机器人完善它。我们将在下面介绍需要进行的更改。

```
<launch>
  <node pkg = "sensor_node_pkg" type = "sensor_node_type" name = "sensor_node_name"
    output = "screen">
```

这里我们提到了机器人用于导航的传感器，将 sensor_node_pkg 替换为传感器的 ROS 驱动工程包的名称，将 sensor_node_type 替换为传感器驱动程序的类型，将 sensor_node_name 替换为传感器节点名称，将 sensor_param 替换为节点可以接受的任何参数。

注意：如果打算使用多个传感器向导航工程包集发送信息，那么应该在这里一起启动它们。

```
    </node>
<node pkg="odom_node_pkg" type="odom_node_type" name="odom_node" output="screen">
    <param name="odom_param" value="param_value" />
</node>
```

在这里，我们启动基座的里程计。同样，需要将工程包、类型、名称和参数规范替换为与实际启动的节点相关的参数。

```
        <param name="transform_configuration_param" value="param_value" />
    </node>
```

在这里，我们启动了机器人的 tf 变换。同样，需要将工程包、类型、名称和参数规范替换为与实际启动的节点相关的参数。

（3）配置代价地图 local_costmap 和 global_costmap

导航包用两种代价地图来存储关于物理世界的障碍物的信息：一种用于全局规划，即在整个环境中创建长期规划，另一种用于局部规划和避障。有一些配置选项是我们希望两种代价地图都遵循的，也有一些配置选项是我们希望在每个地图上单独设置的。因此，下面分别介绍这三个部分：通用配置项、全局配置项和局部配置项。

注意：接下来的内容只是代价地图的基本配置项。想要了解完整的配置，请查询 costmap_2d 文档：http://wiki.ros.org/costmap_2d。

❑ 通用配置

导航包用代价地图来存储物理世界的障碍物信息。为了正确地做到这一点，我们需要将代价地图指向它们应该监听的传感器话题，以获取更新。创建一个名为 costmap_common_params.yaml 的文件，并填写如下内容：

```
obstacle_range: 2.5
raytrace_range: 3.0
footprint: [[x0, y0], [x1, y1], ... [xn, yn]]
#robot_radius: ir_of_robot
inflation_radius: 0.55

observation_sources: laser_scan_sensor point_cloud_sensor

laser_scan_sensor: {sensor_frame: frame_name, data_type: LaserScan, topic: topic_
```

```
name, marking: true, clearing: true}

point_cloud_sensor: {sensor_frame: frame_name, data_type: PointCloud, topic: topic_
    name, marking: true, clearing: true}
```

现在，我们分解上面的代码。

```
obstacle_range: 2.5
raytrace_range: 3.0
```

这两个参数设置了放入代价地图的障碍物信息的阈值。obstacle_range 参数确定传感器读数的最大范围，该读数是障碍物能被放入代价地图的最大范围。在这里，我们把它设置为 2.5m，这意味着机器人只会更新以其底座为中心、半径 2.5m 内的障碍信息。raytrace_range 参数决定了光线追踪到的空白区域的范围。我们将其设置为 3.0m，意味着机器人将试图根据传感器读数清除其前面 3.0m 远的空间。

```
footprint: [[x0, y0], [x1, y1], ... [xn, yn]]
#robot_radius: ir_of_robot
inflation_radius: 0.55
```

在这里，我们设置机器人的占用面积或者机器人的半径（如果它是圆形的）。在指定占用面积的情况下，假设机器人的中心位于（0.0，0.0），并且支持顺时针和逆时针两种规范。我们还将为代价地图设置膨胀半径。膨胀半径应设置为与障碍物之间的最大距离，并从该距离处开始计算代价。例如，将膨胀半径设置为 0.55m，意味着机器人将把所有距离障碍物 0.55m 或更远的路径视为具有相同的障碍物代价。

```
observation_sources: laser_scan_sensor point_cloud_sensor
```

observation_sources 参数定义了一个传感器列表，这些传感器把信息传递给代价地图。每个传感器的定义如下所示：

```
laser_scan_sensor: {sensor_frame: frame_name, data_type: LaserScan, topic: topic_
    name, marking: true, clearing: true}
```

这一行设置了 observation_sources 中提到的传感器的参数，这里定义了 laser_scan_sensor。frame_name 参数应设置为传感器坐标系的名称，data_type 参数应设置为 LaserScan 或 PointCloud，这取决于话题使用哪种消息。topic_name 应该设置为传感器发布数据的话题的名称。marking 和 clearing 参数决定了传感器将障碍物信息添加到代价地图中，还是从代价地图中清除障碍物信息，或者两者都是。

❑ 全局代价地图配置

下面我们将创建一个文件，它存储特定的全局代价地图的配置选项。用编辑器打开文件 global_costmap_params.yaml，并粘贴以下内容：

```
global_costmap:
  global_frame: /map
```

```
robot_base_frame: base_link
update_frequency: 5.0
static_map: true
```

global_frame 参数定义了代价地图应该运行在哪个坐标系中，本例选择了
/map 坐标系。参数 robot_base_frame 定义了代价地图应参考的机器人基座坐标系。
update_frequency 参数决定代价地图更新的频率 (Hz)，代价地图将以这个频率运行
它的更新循环。static_map 参数决定是否应该根据 map_server 提供的地图初始化
代价地图。如果没有使用现有的地图或地图服务器，需要将 static_map 参数设置为
false。

    ❑ 局部代价地图配置

下面我们将创建一个文件，它存储特定的局部代价地图的配置选项。用编辑器
打开文件 local_costmap_params.yaml，并粘贴以下内容：

```
local_costmap:
  global_frame: odom
  robot_base_frame: base_link
  update_frequency: 5.0
  publish_frequency: 2.0
  static_map: false
  rolling_window: true
  width: 6.0
  height: 6.0
  resolution: 0.05
```

global_frame、robot_base_frame、update_frequency 和 static_map 参数与全局
代价地图配置部分中描述的相同。publish_frequency 参数决定了代价地图发布可视
化信息的速率（单位为 Hz）。将 rolling_window 参数设置为 true 意味着当机器人在
移动时，代价地图将始终以机器人为中心。width、height 和 resolution 参数设置代
价地图的宽度（米）、高度（米）和分辨率（米 / 单元格）。注意，这个网格的分辨率
与静态地图的分辨率可以是不同的，但是大多数情况下我们倾向于将它们设置为相
同的分辨率。

    （4）基本本地规划器的配置

base_local_planner 负责计算速度的命令，将这些命令发送给机器人的移动基
座，给出一个高级计划。我们需要根据机器人的规格来设置一些配置选项。打开一
个名为 base_local_planner_params.yaml 的文件，并粘贴以下内容：

```
TrajectoryPlannerROS:
  max_vel_x: 0.45
  min_vel_x: 0.1
  max_vel_theta: 1.0
  min_in_place_vel_theta: 0.4

  acc_lim_theta: 3.2
```

```
acc_lim_x: 2.5
acc_lim_y: 2.5

holonomic_robot: true
```

注意： 本部分只涵盖 TrajectoryPlanner 的基本配置选项。全部配置选项的内容请参考 base_local_planner 文档：http://wiki.ros.org/base_local_planner。

上述参数的第一部分定义了机器人的速度极限。第二部分定义了机器人的加速度极限。

（5）为导航包创建一个 Launch 启动文件

现在，我们已经准备好了所有的配置文件，接下来需要将所有内容合并到导航包的启动文件中。打开文件 move_base.launch 并进行编辑：

```
<launch>

  <master auto="start"/>
 <!-- Run the map server -->
   <node name="map_server" pkg="map_server" type="map_server" args="$(find my_map_
      package)/my_map.pgm my_map_resolution"/>

 <!--- Run AMCL -->
   <include file="$(find amcl)/examples/amcl_omni.launch" />

  <node pkg="move_base" type="move_base" respawn="false" name="move_base"
    output="screen">
  <rosparam file="$(find my_robot_name_2dnav)/ costmap_common_params.yaml"
     command="load" ns="global_costmap" />
  <rosparam file="$(find my_robot_name_2dnav)/ costmap_common_params.yaml"
     command="load" ns="local_costmap" />
  <rosparam file="$(find my_robot_name_2dnav)/ local_costmap_params.yaml"
     command="load" />
  <rosparam file="$(find my_robot_name_2dnav)/ global_costmap_params.yaml"
     command="load" />
  <rosparam file="$(find my_robot_name_2dnav)/ base_local_planner_params.yaml"
     command="load" />
 </node>

</launch>
```

在该文件中，需要将地图服务器更改为指向已有的地图，并将部分配置文件路径更改为自己保存的路径。如果你有一台差分驱动的机器人，应将 amcl_omni.launch 改为 amcl_diff.launch。对于如何创建一张地图，请参考：http://wiki.ros.org/slam_gmapping/Tutorials/MappingFromLoggedData，或者使用 Turtlebot 机器人平台（参考 8.5.1 节）。

（6）AMCL 配置（amcl）

AMCL 有许多配置选项会影响定位的性能。有关 AMCL 的更多信息请参考 http://wiki.ros.org/amcl。

3. 运行导航包

现在一切都设置好了，我们可以运行导航包。要做到这一点，机器人上应配有两个终端。在一个终端中，启动 my_robot_configuration.launch 文件；在另一个文件中，启动刚才创建的 move_base.launch 文件。

❑ 终端 1

```
$ roslaunch my_robot_configuration.launch
```

❑ 终端 2

```
$ roslaunch move_base.launch
```

至此，如果没有出现报错，那么导航包已经运行了。

8.4.2　机器人 tf 配置

1. tf 转换的概念

许多 ROS 软件包要求使用 tf 软件库发布机器人的转换树。在抽象层次上，转换树根据不同坐标系之间的平移和旋转定义偏移。为了更形象地说明，考虑一个简单的机器人的例子。这个机器人有一个移动基座，上面安装了一个激光器。针对这个机器人，我们定义两个坐标系：一个对应于机器人基座的中心点，另一个对应于安装在基座顶部的激光器的中心点。为便于参考，我们把移动基座上的坐标系称为 base_link（对于导航来说，将其放置在机器人的旋转中心非常重要），并将附着在激光器上的坐标系称为 base_laser。

假设我们有一些来自激光器的数据，这些数据以距离激光器中心点的形式存在。换句话说，我们在 base_laser 坐标系中有一些数据。现在假设我们想利用这些数据来帮助移动基座躲避物理世界的障碍。要完成这项工作，我们需要一种方法将我们接收到的激光扫描数据从 base_laser 坐标系转换为 base_link 坐标系。本质上，我们需要定义 base_laser 与 base_link 坐标系之间的关系。

在定义这种关系时，假设我们知道激光器安装在移动基座中心点前方 10cm 和上方 20cm 处，如图 8-4 所示。这给了我们一个平移偏移量，它将 base_link 和 base_laser 坐标系关联起来。具体来说，要获取从 base_link 坐标系到 base_laser 坐标系的数据，我们必须使用 (x: 0.1m, y: 0.0m, z: 0.2m) 的转换；要获取从 base_laser 坐标系到 base_link 坐标系的数据，我们必须应用相反的转换 (x: −0.1m, y: 0.0m, z: −0.20m)。

我们可以选择自己管理这种关系，这意味着在必要时要存储和应用坐标系之间转换，但随着坐标系数量的增加，这个工作量会越来越大。幸运的是，我们不必自已做这项工作，tf 会定义 base_link 和 base_laser 之间的关系，并管理两个坐标系之间的转换。

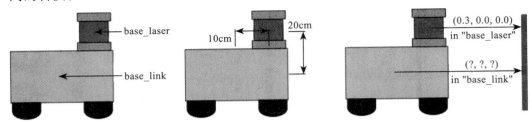

图 8-4 base_laser 与 base_link 坐标系之间的关系示意图

为了使用 tf 定义和存储的 base_link 与 base_laser 坐标系之间的关系，我们需要将它们添加到转换树中。从概念上讲，转换树中的每个节点对应一个坐标系，每个边对应于从当前节点移动到其子节点时需要应用的转换。tf 使用树结构，并假定树中的所有边都是从父节点指向子节点，以保证一次遍历就可以将任意两个坐标系连接在一起。

接下来给出一个创建转换树的简单示例。我们将创建两个节点，一个节点用于 base_link 坐标系，另一个节点用于 base_laser 坐标系，如图 8-5 所示。要在它们之间创建边，我们首先需要决定哪个节点是父节点，哪个节点是子节点。注意，这种区别很重要，因为 tf 假定所有的转换都从父节点到子节点。我们选择 base_link 坐标系作为父坐标系，因为在机器人中添加其他部件 / 传感器时，通过 base_link 坐标系与 base_laser 坐标系相关是最合理的。这意味着连接 base_link 与 base_laser 的边对应的转换为 (x: 0.1m, y: 0.0m, z: 0.2m)。设置了转换树后，将 base_laser 坐标系中接收到的激光扫描数据转换到 base_link 坐标系的工作就可以通过调用 tf 库实现。机器人可以利用这些信息来推导出 base_link 坐标系中的激光扫描数据，并安全地进行路径规划并躲避周围环境中的障碍物。

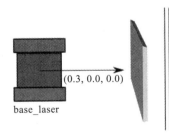
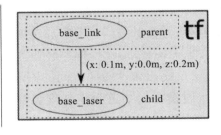
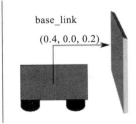

图 8-5 tf 转换树示例

2. 编写代码

如上所述，假设我们要在 base_laser 坐标系中取点并将其转换到 base_link 坐标系。我们需要做的第一件事是创建一个节点，负责在系统中发布转换。接下来，必须创建一个节点来监听在 ROS 上发布的转换数据，并用它来转换一个点。我们首先创建一个包，将源代码放在其中，然后给它取一个简单的名称，比如 ch8_ setup_tf。这个包依赖于 roscpp、tf 和 geometry-msg。

```
$ cd robook_ws/src
$ catkin_create_pkg ch8_setup_tf roscpp tf geometry_msgs
```

3. 传播一个转换

现在我们已经有了自己的软件包，接下来要创建一个节点来完成通过 ROS 传播 base_laser 到 base_link 的转换工作。在刚刚创建的 ch8_setup_tf 包中，启动你希望使用的编辑器并将以下代码粘贴到 src/ 文件夹下的 tf_broadcaster.cpp 文件中。

```
1 #include <ros/ros.h>
2 #include <tf/transform_broadcaster.h>
3
4 int main(int argc, char** argv){
5   ros::init(argc, argv, "robot_tf_publisher");
6   ros::NodeHandle n;
7
8   ros::Rate r(100);
9
10   tf::TransformBroadcaster broadcaster;
11
12   while(n.ok()){
13     broadcaster.sendTransform(
14       tf::StampedTransform(
15         tf::Transform(tf::Quaternion(0, 0, 0, 1), tf::Vector3(0.1, 0.0, 0.2)),
16         ros::Time::now(),"base_link", "base_laser"));
17     r.sleep();
18   }
19 }
```

现在，我们对以上 base_link 到 base_laser 转换的代码加以说明。

❑ 第 2 行：tf 包提供了 tf::TransformBroadcaster 的实现，以简化发布转换的任务。要使用 TransformBroadcaster，需要包含 tf/transform_broadcaster.h 头文件。

❑ 第 10 行：在这里，我们创建了一个 TransformBroadcaster 对象，稍后将使用该对象发送 base_link 到 base_laser 的转换。

❑ 第 13 ～ 16 行：这部分才是真正的工作。用 TransformBroadcaster 发送转换需要五个参数。第一个是 btQuaternion 参数，表示两个坐标系之间发生的任何旋转变换。在这种情况下，我们发送一个由俯仰 (pitch)、滚转 (roll) 和偏航 (yaw) 值等构成的四元数。第二个是 btVector3 参数，用于我们想要应用的任何转换。但是，在本例中，我们希望应用平移，因此创建了一个 btVector3，对应于 base_laser 距机器人 base_link 的 x 偏移为 10cm，z 偏移为 20cm 的情况。第三个是 ros::Time::now() 参数，时间戳用于标记被发布的转换。第四个是 base_link 参数，表示创建的连接的父节点的名称。第五个是 base_laser 参数，表示创建的连接的子节点的名称。

4. 使用一个转换

我们已经创建了一个节点，能够通过 ROS 发布 base_laser 到 base_link 的转换。现在，我们将编写一个节点，它使用该转换来获取 base_laser 坐标系中的一个点，并将其转换为 base_link 坐标系中的一个点。类似地，在 ch8_setup_tf 包中 src/文件夹下，创建一个名为 tf_listener.cpp 的文件，并粘贴以下内容：

```
1 #include <ros/ros.h>
2 #include <geometry_msgs/PointStamped.h>
3 #include <tf/transform_listener.h>
4
5 void transformPoint(const tf::TransformListener& listener){
6   //we'll create a point in the base_laser frame that we'd like to transform to
      the base_link frame
7   geometry_msgs::PointStamped laser_point;
8   laser_point.header.frame_id = "base_laser";
9
10  //we'll just use the most recent transform available for our simple example
11  laser_point.header.stamp = ros::Time();
12
13  //just an arbitrary point in space
14  laser_point.point.x = 1.0;
15  laser_point.point.y = 0.2;
16  laser_point.point.z = 0.0;
17
18  try{
19    geometry_msgs::PointStamped base_point;
20    listener.transformPoint("base_link", laser_point, base_point);
21
22    ROS_INFO("base_laser: (%.2f, %.2f. %.2f) -----> base_link: (%.2f, %.2f, %.2f)
        at time %.2f",
23      laser_point.point.x, laser_point.point.y, laser_point.point.z,
24      base_point.point.x, base_point.point.y, base_point.point.z, base_point.
          header.stamp.toSec());
25  }
26  catch(tf::TransformException& ex){
27    ROS_ERROR("Received an exception trying to transform a point from \"base_
        laser\" to \"base_link\": %s", ex.what());
28  }
29 }
30
31 int main(int argc, char** argv){
32   ros::init(argc, argv, "robot_tf_listener");
33   ros::NodeHandle n;
34
35   tf::TransformListener listener(ros::Duration(10));
36
37   //we'll transform a point once every second
```

```
38    ros::Timer timer = n.createTimer(ros::Duration(1.0), boost::bind(&transformPoint,
         boost::ref(listener)));
39
40    ros::spin();
41
42 }
```

接下来，我们分析一下以上代码中的关键之处。

❑ 第 3 行：这里包含 tf/transform_listener.h 头文件，因为需要创建 tf::TransformListener。TransformListener 对象通过 ROS 自动订阅转换消息的话题，并管理传入的所有转换数据。

❑ 第 5 行：创建一个函数，给定一个 TransformListener，在 base_laser 坐标系中获取一个点，并将其转换为 base_link 坐标系。此函数将在程序的 main() 中被 ros::Timer 回调，每秒触发一次。

❑ 第 6 ～ 16 行：在这里创建一个名为 geometry_msgs::PointStamped 的点。消息名称末尾的 stamped 表示它包含一个头部，允许将时间戳和坐标系 ID(frame_id) 与消息关联起来。我们把 laser_point 消息的 stamp 字段设置为 ros::Time()，这是一个特殊的时间值，允许我们向 TransformListener 请求最新的可用转换。对于头部的 frame_id 字段，我们将其设置为 base_laser，因为我们创建的点在 base_laser 坐标系中。最后，我们为该点设置一些数据，选取值为 *x*: 1.0, *y*: 0.2, *z*: 0.0。

❑ 第 18 ～ 25 行：现在我们已经在 base_laser 坐标系中有了点，想把它转换到 base_link 坐标系。为此，我们要使用 TransformListener 对象，并用三个参数调用 TransformPoint()：要转换的点的坐标系的名称（在本例中是 base_link）、要转换的点、转换后点的存储位置。因此，在调用 transformPoint() 之后，base_point 与 laser_point 保存的信息相同，只是现在 base_point 在 base_link 坐标系中。

❑ 第 26 ～ 28 行：如果由于某种原因，base_laser 到 base_link 的转换不可用（可能 tf_broadcaster 没有运行），TransformListener 可能会在调用 TransformPoint() 时引发异常。为了确保处理得当，这里捕获异常并为用户打印出一个错误。

5. 编译代码

写好了示例代码之后，我们需要编译这些代码。在编译前，需要打开创建工程包时自动生成的 CMakeLists.txt 文件，并在文件底部添加以下行：

```
add_executable(tf_broadcaster src/tf_broadcaster.cpp)
add_executable(tf_listener src/tf_listener.cpp)
target_link_libraries(tf_broadcaster ${catkin_LIBRARIES})
target_link_libraries(tf_listener ${catkin_LIBRARIES})
```

接下来，保存文件并编译工程包：

```
$ cd robook_ws
$ catkin_make
```

6. 运行代码
编译好代码之后，我们尝试运行代码。在这个部分，需要打开三个终端。
❑ 第一个终端

```
roscore
```

❑ 第二个终端
运行我们的 tf_broadcaster：

```
rosrun ch8_setup_tf tf_broadcaster
```

❑ 第三个终端
运行 tf_listener，将模拟点从 base_laser 坐标系转换到 base_link 坐标系。

```
rosrun ch8_setup_tf tf_listener
```

如果一切正常，你会看到每秒有一个点从 base_laser 坐标系转换到 base_link 坐标系。

下一步是用来自 ROS 的传感器流替换本例中使用的 PointStamped，这部分的讲解请参考本书 8.4.5 节。

8.4.3　基础导航调试指南

1. 机器人导航准备
在新的机器人上调试导航工程包集（navigation stack）的时候，我们遇到的大部分问题都位于本地规划器调试参数之外的区域。机器人的里程计、定位、传感器和其他有效运行导航的先决条件经常出现问题。所以，要做的第一件事是确保机器人本身已经做好了导航的准备，其中包括三个组件的检查：距离传感器、里程计和定位。

（1）距离传感器
如果机器人无法从距离传感器（如激光器）获得信息，那么导航系统将无法工作。因此，需要确保可以在 rviz 中查看传感器信息，信息看起来正确，并且以预期的速率进入系统。

（2）里程计
通常，我们难以得到机器人的准确定位。它的位置信息会不断丢失，我们要花费大量的时间来处理 AMCL 的参数，结果发现真正的罪魁祸首是机器人的里程计。因此，我们通常需要运行两个完整、全面的检查，以确保机器人的里程计可靠工作。

第一项检查是查看里程计的旋转是否合理。首次打开 rviz，将框架设置为 odom，显示机器人提供的激光扫描功能，将该主题的衰减时间设置为高（大约 20 秒），并执行原地旋转。然后，观察在随后的旋转中扫描匹配的紧密程度。理想情况下，扫描会正好重叠在一起，但是会有一些旋转漂移，所以需要确保扫描偏离值在 1° ~ 2° 之间。

另一个检查是对里程计进行全面检测，将机器人放置在离墙几米远的地方。用上面所说的方式设置 rviz，然后驱动机器人向着墙壁前进，观察 rviz 中的聚合激光扫描出来的墙壁厚度。理想情况下，对墙壁的扫描只需要确保它的厚度不超过几厘米。如果驱动机器人向着墙走一米，但是扫描扩散到半米多，那么这个里程计可能出现了问题。

（3）定位

假设里程计和激光扫描仪都能正常工作，那么绘制地图和调试 AMCL 的工作通常都不会太困难。首先，运行 gmapping 或 karto，并操纵机器人生成一个地图。然后，在 AMCL 中使用地图并确保机器人保持定位。如果运行的机器人的里程计效果不佳，可以对 AMCL 的里程计模型参数进行修改。对整个系统的一个很好的测试是确保在 rviz 的 map 中可以看到激光扫描和地图，并且激光扫描与环境地图能很好地匹配。在机器人做出期望动作之前，应在 rviz 中为机器人设定合理的初始姿势。

2. 代价地图

如果确定机器人满足导航的先决条件，那么接下来就要保证代价地图的设置和配置的正确性。以下是一些调试代价地图时的建议：

❑ 确保根据传感器实际发布的速率为每个观察源设置 expected_update_rate 参数。这里给出一个较大的容差，将检查周期设置为期望值的两倍，比较好的情况是当传感器的速度远远低于预期时，可以从导航收到警告。

❑ 为系统适当地设置 transform_tolerance 参数。使用 tf 检查从 base_link 坐标系到 map 坐标系转换的预期延迟。通常使用 tf_monitor 查看系统的延迟，一般将参数设置为关闭。另外，如果 tf_monitor 报告的延迟比较大，可以查看是什么原因导致了延迟。有时我们会发现这是如何为给定机器人发布转换的问题。

❑ 对于缺乏处理能力的机器人，可以考虑关闭 map_update_rate 参数。但这时需要考虑到一个事实：这样做将导致传感器数据进入代价地图的速度延迟，进而减慢机器人对障碍物的反应速度。

❑ publish_frequency 参数对于在 rviz 中实现代价地图可视化非常有用。但是，对于大型全局地图，该参数会导致运行缓慢。在生产系统中，可以考虑降低代价地图发布的速度，当需要将非常大的地图可视化时，可以将这个速度设置得非常低。

- 使用 voxel_grid 还是 costmap 模型制作代价地图，很大程度上取决于机器人的传感器套件。调试基于 3D 的代价地图会更加复杂，因为需要考虑未知空间。如果使用的机器人只有一个平面激光器，可以使用 costmap 模型来绘制地图。

- 有时，能够在里程计坐标系中单独运行导航是非常有用的。最简单的方法是复制 local_costmap_params.yaml 文件来覆盖 global_costmap_params.yaml 文件，并将地图的宽度和高度改为 10m 左右。如果想要不依赖定位性能来优化导航，这是一种非常简单的方法。

- 根据机器人的大小和处理能力来选择地图的分辨率。对于一个拥有强大处理能力并且需要适应狭小空间（如 PR2）的机器人，可以使用细粒度地图，将分辨率设置为 0.025m。对于 roomba 这样的机器人，可以将分辨率设置到 0.1m 以减少计算负载。

- rviz 是验证代价地图能否正常工作的好方法。通常从代价地图中查看障碍物数据，并确保在操纵杆控制下驱动机器人时，障碍物数据与地图和激光扫描一致。这是一个完整的检查，可以确保传感器数据以合理的方式进入代价地图。如果用机器人在未知空间跟踪，大多数情况下是使用 voxel_grid 模型绘制代价地图，这样可以将未知空间可视化，确保以合理的方式清除未知空间。要查看是否正确地从代价地图中清除了障碍，可以在机器人面前走一走，看看它是否能成功地看到你并从地图中清除。有关 costmap 发布到 rviz 的详细信息，可以查阅 rviz 教程中的导航部分。

- 当导航工程包集只运行代价地图的时候，最好检查系统负载。这意味着打开 move_base 节点，但不发送目标和查看负载。如果计算机这时陷入困境，那么要运行规划器（planner），就需要做一些节省 CPU 的参数调整。

3. 局部规划器

如果对通过代价地图得到的结果感到满意，那么接下来可以在局部规划器中优化参数。对于具有合理加速度限制的机器人，可以使用 dwa_local_planner；对于具有较低加速度限制的机器人，在每一步都考虑加速度限制会好一些，可以使用 base_local_planner。调试 dwa_local_planner 比调试 base_local_planner 更方便，因为它的参数是动态可配置的。下面是一些关于规划器的建议：

- 对于 dwa_local_planner 和 base_local_planner 这两个规划器来说，最重要的是为给定机器人正确设置加速度限制参数。如果这些参数是关闭的，那么只能期望机器人的行为是次优的。如果不知道机器人的加速度限制是什么，那么可以编写一个脚本使电机以最大平移和旋转速度下运行一段时间，然后查看里程计反馈的速度（假定里程计给出了一个合理的估计），从而获得加速度限制。合理地设置这些参数可以节省很多时间。

- 如果机器人具有较低的加速度限制，那么需要确保运行 base_local_planner

时将 dwa 设置为 false。将 dwa 设置为 true 之后，需要根据有效的处理能力将 vx_samples 参数的值更新为 8 ～ 15 之间。这样在展示过程中会生成非圆曲线。

❑ 如果使用的机器人的定位功能不佳，可以将目标容差参数设置得比其他情况下高一些。如果机器人有很高的最小旋转速度，也可以提高旋转容差，以避免在目标点发生振荡。

❑ 如果因为 CPU 的原因而使用低分辨率，那么可以提高 sim_granularity 参数以节省一些周期。

❑ 规划器上的 path_distance_bias 和 goal_distance_bias 参数（对于 base_local_planner，这些参数称为 pdist_scale 和 gdist_scale）一般很少会被更改。当它们被更改的时候，通常是因为希望限制局部规划器的自由，让它离开计划的路径，与全局规划器一起工作，而不是与 NavFn 一起工作。将 path_distance_bias 参数调高，会使机器人更加接近路径，但其代价是快速向目标移动。如果这个权重设置得太高，机器人会拒绝移动，因为移动的成本比停留在路径上某个的位置的成本要高。

❑ 如果想要以智能的方式推理代价函数，需要将 meter_scoring 参数设置为 true，这时代价函数中的距离以米为单位而不是以单元格为单位。这也意味着可以为一个地图分辨率调整代价函数，并期望在移动到其他位置时也能有合理的行为。此外，将 publish_cost_grid 参数设置为 true，可以在 rviz 中对局部规划器生成的代价函数可视化。给定以米为单位的代价函数，可以在向目标移动 1m 的代价与和规划路径的距离之间进行权衡。这有助于更好地了解如何进行调试。

❑ 轨迹是从终点开始计算的。将 sim_time 参数设置为不同的值，会对机器人的行为产生很大的影响。一般可以把该参数设置为 1 ～ 2s，如果将该参数值设置得再高一些，轨迹会平滑些，但要确保最小速度乘以 sim_period 小于对目标的容差值的两倍，否则，机器人会在目标位置以外的位置旋转，而不是向目标移动。

❑ 精确的轨迹仿真还依赖于从里程计中得到合理的速度估计。这是因为 dwa_local_planner 和 base_local_planner 都使用这个速度估计值以及机器人的加速度限制来确定一个规划周期的可行速度空间。虽然从里程计得到的速度估计不一定是完美的，但重要的是要确保它至少接近最佳状态。

8.4.4 通过 ROS 发布里程计测量信息

导航工程包使用 tf 来确定机器人在全局坐标系下的位置，并将传感器数据与静态地图关联起来。但是，tf 没有提供任何关于机器人速度的信息。因此，导航工程包要求任何里程计都通过 ROS 发布一个转换和包含速度信息的 nav_msgs/

Odometry 的消息。本节提供了一个为导航工程包集发布里程计消息的例子。它包括通过发布 nav_msgs/Odometry 消息，以及通过 TF 从 odom 坐标系转换到 base_link 坐标系。

1. nav_msgs/Odometry 消息

nav_msgs/Odometry 消息存储了机器人在自由空间（free space）中的位置和速度的估计值。

```
# This represents an estimate of a position and velocity in free space.
# The pose in this message should be specified in the coordinate frame given by
  header.frame_id.
# The twist in this message should be specified in the coordinate frame given by
  the child_frame_id.
Header header
string child_frame_id
geometry_msgs/PoseWithCovariance pose
geometry_msgs/TwistWithCovariance twist
```

这个消息中的 pose 与机器人在里程计坐标系中的估计位置相对应，并带有一个可选的协方差用于确定该姿势估计。这个消息中的 twist 与机器人在子坐标系（通常是基于移动基座的坐标系）中的速度相对应，并带有一个可选的协方差用于确定该速度的估计。

2. 使用 tf 发布里程计转换

正如在 8.4.2 节所讨论的，tf 软件库负责管理转换树中与机器人相关的坐标系之间的关系。因此，任何里程计都必须公布它所管理的坐标系的信息。

3. 编写代码

以下代码用于通过 ROS 发布 nav_msgs/Odometry 消息，以及使用 tf 对一个在圆圈内行驶的仿真机器人进行坐标转换。

首先，将依赖性添加到工程包中的 package.xml 文件：

```
<build_depend>tf</build_depend>
<build_depend>nav_msgs</build_depend>
<build_export_depend>tf</build_export_depend>
<exec_depend>tf</exec_depend>
<exec_depend>nav_msgs</exec_depend>
```

在 ch8_setup_tf 包中 src/ 文件夹下，创建一个名为 odometry_publisher.cpp 的文件，并粘贴以下内容：

```
1 #include <ros/ros.h>
2 #include <tf/transform_broadcaster.h>
3 #include <nav_msgs/Odometry.h>
4
5 int main(int argc, char** argv){
```

```
 6    ros::init(argc, argv, "odometry_publisher");
 7
 8    ros::NodeHandle n;
 9    ros::Publisher odom_pub = n.advertise<nav_msgs::Odometry>("odom", 50);
10    tf::TransformBroadcaster odom_broadcaster;
11
12    double x = 0.0;
13    double y = 0.0;
14    double th = 0.0;
15
16    double vx = 0.1;
17    double vy = -0.1;
18    double vth = 0.1;
19
20    ros::Time current_time, last_time;
21    current_time = ros::Time::now();
22    last_time = ros::Time::now();
23
24    ros::Rate r(1.0);
25    while(n.ok()){
26
27      ros::spinOnce();                 // check for incoming messages
28      current_time = ros::Time::now();
29
30      //compute odometry in a typical way given the velocities of the robot
31      double dt = (current_time - last_time).toSec();
32      double delta_x = (vx * cos(th) - vy * sin(th)) * dt;
33      double delta_y = (vx * sin(th) + vy * cos(th)) * dt;
34      double delta_th = vth * dt;
35
36      x += delta_x;
37      y += delta_y;
38      th += delta_th;
39
40      //since all odometry is 6DOF we'll need a quaternion created from yaw
41      geometry_msgs::Quaternion odom_quat = tf::createQuaternionMsgFromYaw(th);
42
43      //first, we'll publish the transform over tf
44      geometry_msgs::TransformStamped odom_trans;
45      odom_trans.header.stamp = current_time;
46      odom_trans.header.frame_id = "odom";
47      odom_trans.child_frame_id = "base_link";
48
49      odom_trans.transform.translation.x = x;
50      odom_trans.transform.translation.y = y;
51      odom_trans.transform.translation.z = 0.0;
```

```
52      odom_trans.transform.rotation = odom_quat;
53
54      //send the transform
55      odom_broadcaster.sendTransform(odom_trans);
56
57      //next, we'll publish the odometry message over ROS
58      nav_msgs::Odometry odom;
59      odom.header.stamp = current_time;
60      odom.header.frame_id = "odom";
61
62      //set the position
63      odom.pose.pose.position.x = x;
64      odom.pose.pose.position.y = y;
65      odom.pose.pose.position.z = 0.0;
66      odom.pose.pose.orientation = odom_quat;
67
68      //set the velocity
69      odom.child_frame_id = "base_link";
70      odom.twist.twist.linear.x = vx;
71      odom.twist.twist.linear.y = vy;
72      odom.twist.twist.angular.z = vth;
73
74      //publish the message
75      odom_pub.publish(odom);
76
77      last_time = current_time;
78      r.sleep();
79    }
80 }
```

接下来，我们详细地说明这段代码的重要部分。

❑ 第 2 ~ 3 行：因为我们要发布从 odom 坐标系到 base_link 坐标系的转换和一条 nav_msgs/odometry 消息，所以需要包含相关的头文件。

❑ 第 9 ~ 10 行：我们需要创建 ros::Publisher 和 tf::TransformBroadcaster，以便分别使用 ROS 和 TF 发送消息。

❑ 第 12 ~ 14 行：我们假设机器人最初从 odom 坐标系的原点开始行动。

❑ 第 16 ~ 18 行：在这里，我们设置一些速度，使 base_link 坐标系在 odom 坐标系下以 0.1m/s 的速率在 x 方向移动，以 −0.1m/s 的速率在 y 方向移动，以 0.1rad/s 的速率在 z 方向移动，这会使机器人在一个圆圈内行驶。

❑ 第 24 行：在本例中，我们以 1Hz 的速度发布里程计信息，以便于检查。实际中，大多数系统都希望以更高的速度发布里程计信息。

❑ 第 30 ~ 38 行：在这里，我们将根据设置的恒定速度更新里程测量信息。当然，一个真正的里程计系统会将计算出的速度整合起来。

❑ 第 40 ～ 41 行：我们通常尝试在系统中使用消息的 3D 版本，以允许 2D 和 3D 组件在适当的时候协同工作，并保持创建的消息数量尽可能地少。因此，有必要将里程计的偏航值转换为四元数并发送出去。幸运的是，tf 提供了一些功能，允许从偏航值轻松地创建四元数，并方便地从四元数访问偏航值。

❑ 第 43 ～ 47 行：在这里，我们创建一个通过 tf 发送的转换消息。我们希望在 current_time 发布从 odom 坐标系到 base_link 坐标系的转换，因此将设置消息的头部和 child_frame_id（子坐标系 ID），确保使用 odom 作为父坐标系、使用 base_link 作为子坐标系。

❑ 第 49 ～ 55 行：在这里，我们填充来自里程数据的转换消息，然后使用 TransformBroadcaster 发送转换信息。

❑ 第 57 ～ 60 行：我们还需要发布 nav_msgs/Odometry 消息，以便导航工程包集获取速度信息。我们将把消息的头部设置为 current_time 和 odom 坐标系。

❑ 第 62 ～ 72 行：这里使用里程计数据填充消息并发送出去。我们设置消息的 child_frame_id 为 base_link 坐标系，因为这是发送速度信息的坐标系。

4. 编译运行

编写好示例代码后，我们需要编译这些代码。在编译前，需要打开创建工程包时自动生成的 CMakeLists.txt 文件，并在文件底部添加以下行：

```
add_executable(odometry_publisher src/ odometry_publisher.cpp)
target_link_libraries(odometry_publisher ${catkin_LIBRARIES})
```

接下来，保存文件并编译工程包：

```
$ cd robook_ws
$ catkin_make
```

编译好代码之后，我们尝试运行代码。这个部分，需要打开三个终端。

❑ 第一个终端

```
roscore
```

❑ 第二个终端

运行我们的 odometry_publisher：

```
rosrun ch8_setup_tf odometry_publisher
```

❑ 第三个终端

运行 rviz：

```
rosrun rviz rviz
```

在 rviz 中需要进行一些设置：将 fixed frame 改为 odom；点击 Add，找到

Odometry，并添加；将 Odometry 下的 Topic 更改为 /odom，完成设置后即可看到如图 8-6 的结果，仿真机器人行驶在圆圈内，并进行坐标转换。

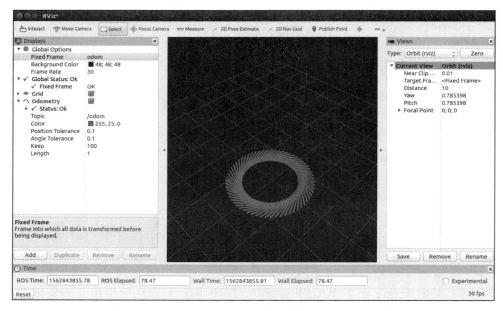

图 8-6　odometry_publisher 的运行结果在 rviz 中的显示

8.4.5　通过 ROS 发布传感器数据流

通过 ROS 正确地从传感器发布数据对于导航工程包集的安全运行非常重要。如果导航工程包集没有接收到来自机器人传感器的信息，它就会盲目行驶，很可能撞到东西。有许多传感器可用于向导航工程包集提供信息，包括激光器、摄像头、声呐、红外线、碰撞传感器等。但是，当前导航工程包集只接受使用 sensor_msgs/LaserScan 消息类型或 sensor_msgs/PointCloud 消息类型发布的传感器数据。

本节提供了通过 ROS 发送两种类型的传感器流（即 sensor_msgs/LaserScan 消息和 sensor_msgs/PointCloud 消息）的示例。

1. ROS 消息头

与通过 ROS 发送的很多消息一样，sensor_msgs/LaserScan 和 sensor_msgs/PointCloud 消息类型都包含 tf 坐标系和时间相关的信息。为了标准化这些信息的发送方式，将 Header 消息类型用于所有此类消息中的字段。

Header 类型中的三个字段如下所示：

```
#Standard metadata for higher-level flow data types
#sequence ID: consecutively increasing ID
uint32 seq
#Two-integer timestamp that is expressed as:
# * stamp.secs: seconds (stamp_secs) since epoch
# * stamp.nsecs: nanoseconds since stamp_secs
# time-handling sugar is provided by the client library
```

```
time stamp
#Frame this data is associated with
# 0: no frame
# 1: global frame
string frame_id
```

seq 字段对应于一个标识符，该标识符的值随着来自给定发布器的消息的发送而自动增加。stamp 字段存储与消息中的数据相关的时间信息。例如，在激光扫描的情况下，stamp 可能对应于扫描开始的时间。frame_id 字段存储与消息中的数据相关的 tf 坐标系的信息。在激光扫描的情况下，这将被设置为激光数据的坐标系。

2. 在 ROS 上发布 LaserScan 消息

（1）LaserScan 消息

对于使用激光扫描仪的机器人，ROS 在 sensor_msgs 包中提供了一种特殊的消息类型 LaserScan，用于保存给定扫描的信息。只要从扫描仪返回的数据可以被格式化以适合信息，LaserScan 信息就可以使代码很容易地处理任何激光扫描。在讨论如何生成和发布这些消息之前，我们先看看消息的规范：

```
# 测量的激光扫描角度，逆时针为正
# 设备坐标系的 0 度面向前（沿着 X 轴方向）

Header header
float32 angle_min          # scan 的开始角度 [弧度]
float32 angle_max          # scan 的结束角度 [弧度]
float32 angle_increment    # 测量的角度间的距离 [弧度]
float32 time_increment     # 测量间的时间 [秒]
float32 scan_time          # 扫描间的时间 [秒]
float32 range_min          # 最小的测量距离 [米]
float32 range_max          # 最大的测量距离 [米]
float32[] ranges           # 测量的距离数据 [米]（注意：值小于 range_min 或大于 range_max 应当被丢弃）
float32[] intensities      # 强度数据 [device-specific units]
```

上面的名称/注释能够清楚显示消息中的大部分字段。为了更具体地说明，我们来写一个简单的激光数据发布器以便说明它们是如何工作的。

（2）编写代码发布一个 LaserScan 消息

通过 ROS 发布 LaserScan 消息相当简单。在 ch8_setup_tf 包中 src/ 文件夹下，创建一个名为 laser_scan_publisher.cpp 的文件，并粘贴以下内容：

```
1 #include <ros/ros.h>
2 #include <sensor_msgs/LaserScan.h>
3
4 int main(int argc, char** argv){
5   ros::init(argc, argv, "laser_scan_publisher");
6
7   ros::NodeHandle n;
8   ros::Publisher scan_pub = n.advertise<sensor_msgs::LaserScan> ("scan", 50);
```

```
9
10    unsigned int num_readings = 100;
11    double laser_frequency = 40;
12    double ranges[num_readings];
13    double intensities[num_readings];
14
15    int count = 0;
16    ros::Rate r(1.0);
17    while(n.ok()){
18      //generate some fake data for our laser scan
19      for(unsigned int i = 0; i < num_readings; ++i){
20        ranges[i] = count;
21        intensities[i] = 100 + count;
22      }
23      ros::Time scan_time = ros::Time::now();
24
25      //populate the LaserScan message
26      sensor_msgs::LaserScan scan;
27      scan.header.stamp = scan_time;
28      scan.header.frame_id = "laser_frame";
29      scan.angle_min = -1.57;
30      scan.angle_max = 1.57;
31      scan.angle_increment = 3.14 / num_readings;
32      scan.time_increment = (1 / laser_frequency) / (num_readings);
33      scan.range_min = 0.0;
34      scan.range_max = 100.0;
35
36      scan.ranges.resize(num_readings);
37      scan.intensities.resize(num_readings);
38      for(unsigned int i = 0; i < num_readings; ++i){
39        scan.ranges[i] = ranges[i];
40        scan.intensities[i] = intensities[i];
41      }
42
43      scan_pub.publish(scan);
44      ++count;
45      r.sleep();
46    }
47  }
```

现在，我们详细分析上面的代码的重要部分。

❑ 第 2 行：包含我们想要发送的 sensor_msgs/LaserScan 消息。

❑ 第 8 行：创建一个 ros::Publisher，用于使用 ROS 发送 LaserScan 消息。

❑ 第 10 ~ 13 行：这里我们为将用于填充扫描的虚拟数据创建存储变量，一个实际的应用程序会从它们的激光驱动器中提取这些数据。

❑ 第 18 ~ 23 行：用每秒增加 1 的值填充虚拟激光数据。

❑ 第 25 ~ 41 行：创建一个 scan_msgs::LaserScan 消息，并用生成的准备发送的数据填充它。

❑ 第 43 行：在 ROS 上发布这个消息。

3. 运行显示 LaserScans

编写好了示例代码之后，我们需要编译它。在编译前，需要打开创建工程包时自动生成的 CMakeLists.txt 文件，并在文件底部添加以下行：

```
add_executable(laser_scan_publisher src/ laser_scan_publisher.cpp)
target_link_libraries(laser_scan_publisher ${catkin_LIBRARIES})
```

接下来，保存文件并编译工程包：

```
$ cd robook_ws
$ catkin_make
```

编译好代码之后，我们尝试运行代码。在这个部分，需要打开三个终端。

❑ 第一个终端

```
roscore
```

❑ 第二个终端

运行我们的 odometry_publisher：

```
rosrun ch8_setup_tf laser_scan_publisher
```

❑ 第三个终端

运行 rviz：

```
rosrun rviz rviz
```

在 rviz 中需要进行一些设置：将 fixed frame 改为 laser_frame；点击 Add，找到 LaserScan，添加它；将 LaserScan 下的 Topic 更改为 /scan。设置完成后即可看到如图 8-7 所示的结果，这是发布的虚拟激光数据。

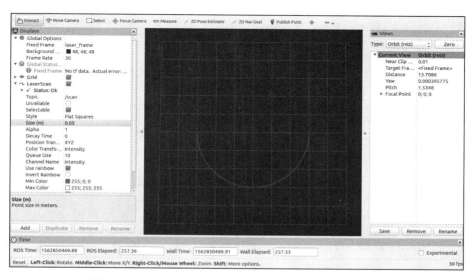

图 8-7　在 rviz 中显示 laser_scan_publisher 的运行结果

4. 在 ROS 上发布点云 PointClouds

（1）点云消息

为了存储和共享空间上一系列点的数据，ROS 提供了 sensor_msgs/PointCloud 消息，如下所示：

```
# 此消息包含一组 3d 点，以及关于每个点的可选附加信息
#Each Point32 should be interpreted as a 3d point in the frame given in the header
   每个 Point32 应该被解释为 Header 给定的坐标系中的一个 3d 点

Header header
geometry_msgs/Point32[] points    # 3d 点数组
ChannelFloat32[] channels         # 每个通道的元素个数应与点数组相同，每个通道中的数据应与
                                    每个点 1:1 对应
```

此消息用于支持三维的点数组以及存储为通道的任何关联数据。例如，PointCloud 可以通过 intensity 通道发送，该通道包含点云中每个点的强度值的信息。接下来我们将探讨使用 ROS 发送 PointCloud 的示例。

（2）编写代码发布 PointCloud 消息

使用 ROS 发布 PointCloud 相当简单。下面我们将完整地展示一个简单的示例，然后详细讨论其中的重要部分。

```cpp
1  #include <ros/ros.h>
2  #include <sensor_msgs/PointCloud.h>
3
4  int main(int argc, char** argv){
5    ros::init(argc, argv, "point_cloud_publisher");
6
7    ros::NodeHandle n;
8    ros::Publisher cloud_pub = n.advertise<sensor_msgs::PointCloud> ("cloud", 50);
9
10   unsigned int num_points = 100;
11
12   int count = 0;
13   ros::Rate r(1.0);
14   while(n.ok()){
15     sensor_msgs::PointCloud cloud;
16     cloud.header.stamp = ros::Time::now();
17     cloud.header.frame_id = "sensor_frame";
18
19     cloud.points.resize(num_points);
20
21     //we'll also add an intensity channel to the cloud
22     cloud.channels.resize(1);
23     cloud.channels[0].name = "intensities";
24     cloud.channels[0].values.resize(num_points);
25
26     //generate some fake data for our point cloud
27     for(unsigned int i = 0; i < num_points; ++i){
```

```
28      cloud.points[i].x = 1 + count;
29      cloud.points[i].y = 2 + count;
30      cloud.points[i].z = 3 + count;
31      cloud.channels[0].values[i] = 100 + count;
32    }
33
34    cloud_pub.publish(cloud);
35    ++count;
36    r.sleep();
37  }
38 }
```

这段代码中重要部分的解释如下。

❑ 第 2 行：包含 sensor_msgs/PointCloud 消息头文件。

❑ 第 8 行：创建 ros::Publisher，我们将使用它发送 PointCloud 消息。

❑ 第 15 ~ 17 行：填充 PointCloud 消息的 header，我们将用相关的坐标系和时间戳信息发送该消息。

❑ 第 19 行：设置点云数量，以便我们可以用虚拟数据填充它们。

❑ 第 21 ~ 24 行：向点云添加一个名为"intensity"的通道，并对其大小进行调整，以匹配点云数量。

❑ 第 26 ~ 32 行：使用一些虚拟数据填充 PointCloud 消息。同时，用虚拟数据填充 intensity 通道。

❑ 第 34 行：使用 ROS 发布 PointCloud 消息。

5. 运行显示 PointClouds

编写好了示例代码之后，我们需要编译它。在编译前，需要打开创建工程包时自动生成的 CMakeLists.txt 文件，并在文件底部添加以下行：

```
add_executable(point_cloud_publisher src/ point_cloud_publisher.cpp)
target_link_libraries(point_cloud_publisher ${catkin_LIBRARIES})
```

接下来，保存文件并编译工程包：

```
$ cd robook_ws
$ catkin_make
```

编译好代码之后，我们尝试运行代码。在这个部分中，需要打开三个终端。

❑ 第一个终端

```
roscore
```

❑ 第二个终端

运行我们的 odometry_publisher：

```
rosrun ch8_setup_tf point_cloud_publisher
```

❑ 第三个终端

运行 rviz：

```
rosrun rviz rviz
```

在 rviz 中需要进行一些设置：将 fixed frame 改为 sensor_frame；点击 Add，找到 PointCloud，将它添加进来；将 PointCloud 下的 Topic 更改为 /cloud。完成上述设置后，即可看到如图 8-8 所示的结果，此时有点云出现。

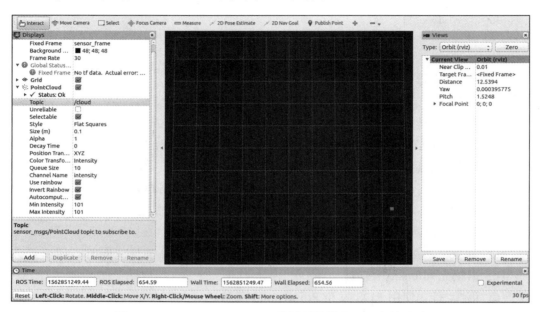

图 8-8　point_cloud_publisher 的运行结果在 rviz 中的显示

8.5　在 Turtlebot 上配置并使用导航工程包集

8.5.1　使用 Turtlebot 创建 SLAM 地图

本节主要介绍如何使用 gmapping 构建一个地图，让机器人记住周围的环境。利用生成的地图，机器人可以实现自主导航。

首先，打开一个新终端，启动 Turtlebot：

```
$ roslaunch turtlebot_bringup minimal.launch
```

打开第二个新终端，启动 gmapping：

```
$ roslaunch turtlebot_navigation gmapping_demo.launch
```

打开第三个新终端，启动 rviz：

```
$ roslaunch turtlebot_rviz_launchers view_navigation.launch
```

打开第四个新终端，用键盘控制机器人移动：

```
$ roslaunch turtlebot_teleop keyboard_teleop.launch
```

为了避免每次建图都要打开很多终端，可以将建图需要的程序合成到一个 map_setup.launch 文件（可在本书资源 8.5.1map_setup.launch 查看）中，并放在工程包 navigation_test 的 launch 文件夹下：

```
<!-- 建图 launch 文件 -->
<launch>
    <!-- 唤起 turtlebot-->
    <include file="/home/isi/turtlebot/src/turtlebot/turtlebot_bringup/ launch/
        minimal.launch" />
    <!-- 设置 Gmapping 包如下 -->
    <!-- 设置摄像头参数 -->
    <include file="/home/isi/turtlebot/src/turtlebot/turtlebot_bringup/
        launch/3dsensor.launch">
        <arg name="rgb_processing" value="false" />
        <arg name="depth_registration" value="false" />
        <arg name="depth_processing" value="false" />
        <arg name="scan_topic" value="/scan" />
    </include>
    <!-- 使能 gmapping -->
    <include file="/home/isi/turtlebot/src/turtlebot_apps/ turtlebot_navigation/
        launch/includes/gmapping.launch.xml" />
    <!-- 使能 move_base -->
    <include file="/home/isi/turtlebot/src/turtlebot_apps/ turtlebot_navigation/
        launch/includes/move_base.launch.xml" />
    <!-- 开启 rviz -->
    <include file="$(find turtlebot_rviz_launchers)/launch/ view_navigation.launch" />
</launch>
```

若希望该文件成功运行，需要将其中的路径更换成用户电脑中相应文件的路径。在大多数情况下，可以使用 turtlebot_navigation 上提供的默认导航参数，但有时需要根据情况对控制机器人运动的参数进行修改，否则会导致创建的地图产生畸变。例如，角速度系数 scale_angular 取值在 1 左右、线速度系数 scale_linear 取值在 0.2 左右，建图效果较好。另外，建图时应控制机器人尽量不要有大的速度突变，转弯时的角度为 90° 的倍数时畸变较小。

随后，保存地图。在新终端窗口运行保存地图的命令，保存的路径、文件名称需要自己确定，示例如下：

```
$ rosrun map_server map_saver -f /home/isi/robook_ws/src/navigation_test/maps/<name>
$ ls /tmp/
```

现在可以在对应位置看到两个文件 my_map.pgm 和 my_map.yaml，这就是导航要用的地图及参数。

8.5.2　使用 Turtlebot 已知地图进行自主导航

将之前打开的终端停止运行。在终端运行以下命令：

```
$ roslaunch turtlebot_bringup minimal.launch
```

这将启动 Turtlebot 机器人。

在新终端运行以下命令：

```
$ roslaunch turtlebot_navigation amcl_demo.launch map_file:=/tmp/my_map.yaml
```

可以根据情况修改地图所在目录和名字。如果看到"odom received!"，说明已经正常运行。

在新终端运行以下命令：

```
$ roslaunch turtlebot_rviz_launchers view_navigation.launch --screen
```

rviz 可以展示机器人所在的地图。需要根据机器人实际位置初始化机器人的姿态。

选择 rviz 上的"2D Pose Estimate"，然后在地图上的机器人位置点击并按住鼠标，这时在鼠标指针的下方会出现一个箭头，可以用这个箭头来估计机器人的方向。选择"2D Nav Goal"，可以设置在目标位置的估计姿态。

这种每次在运行时取目标点的方法比较麻烦，我们可以通过程序获取目标的位姿参数。

在本书资源中找到 8.5.2get_waypoints.cpp 与 8.5.2get_waypoints.launch，将它们分别放在 robook/src/navigation_test 工程包的 /src 与 /launch 文件夹下，并对 CMakeList.txt 进行相关配置。在 get_waypoints.launch 中需要修改加载地图的实际所在目录，如：

```
<arg name="map_file" default="/home/isi/robook_ws/src/navigation_test/ maps/mymap.
  yaml"/>
```

根据情况修改 get_waypoints.cpp 文件中的位置参数：

```
ofstream posefile("/home/isi/robook_ws/src/navigation_test/src/ waypoints.txt",
  ios::out);
```

在新建终端输入以下命令：

```
$ roslaunch navigation_test get_waypoints.launch
```

机器人初始位姿需要选择 rviz 上的"2D Pose Estimate"进行设置。通过键盘控制机器人到达所要求的位置，在小窗口输入 get，采集完所有点后输入 stop 完成所有位置点的采集工作。这些参数可以在自己的导航程序中使用。

在本书资源中找到 8.5.2navigation_demo.cpp 与 8.5.2navigation_demo.launch，将它们分别放在 robook/src/navigation_test 工程包的 /launch 与 /src 文件夹下，并对 CMakeList.txt 进行相关配置。可以在 navigation_demo.cpp 文件中看到点的位姿参数在程序中的应用。在 navigation_demo.launch 中需要修改加载地图的实际所在目录，例如：

```
<arg name="map_file" default="/home/isi/robook_ws/src/navigation_test/ maps/mymap.
    yaml"/>
```

可以看到，在程序中是通过接收话题获取目标位置，如 shelf、dinner_table 等位置，这样能够方便导航与语音识别等其他功能结合。

运行以下命令：

```
$ cd robook_ws
$ catkin_make# 第一次运行前要编译
$ source devel/setup.bash
$ roslaunch navigation_test navigation_demo.launch
```

运行后，我们可以通过命令直接发送话题确定机器人要去的位置。例如：

```
$ rostopic pub /gpsr_srclocation std_msgs/String - shelf
$ rostopic pub /gpsr_dstlocation std_msgs/String - dinner_table
```

话题发布成功后，机器人便会导航到达相应位置了。

习题

让机器人通过 Kinect 建立房间地图并导航到门口。

参考文献

[1] 张亮 . 动态环境下移动机器人导航技术研究 [D]. 武汉：武汉科技大学 , 2013.

[2] 彭真 . 动态环境下基于视觉的自运动估计与环境建模方法研究 [D]. 浙江：浙江大学 , 2017

[3] 沈俊 . 基于 ROS 的自主移动机器人系统设计与实现 [D]. 绵阳：西南科技大学 , 2016.

[4] Wang B , Lu W , Kong B . BUILDING MAP AND POSITIONING SYSTEM FOR INDOOR ROBOT BASED ON PLAYER[J]. International Journal of Information Acquisition, 2011, 08(04):281-290.

[5] 何武，路巍，汪瑶，等 . 基于 Player 的室内服务机器人的地图构建和定位系统 [J]. 仪表技术 , 2011(5):56-58.

[6] 林睿 . 基于图像特征点的移动机器人立体视觉 SLAM 研究 [D]. 哈尔滨：哈尔滨工业大学 , 2011.

[7] 摩根·奎格利 . ROS 机器人编程实践 [M]. 北京：机械工业出版社 , 2018.

[8] 丁林祥，陶卫军 . 未知环境下室内移动机器人定位导航设计与实现 [J]. 兵工自动化 , 2018, 37(3): 12-17.

[9] Foxt D , Burgardt W , Thrun S . Controlling synchro-drive robots with the dynamic window approach to collision avoidance[C]. Proceedings of IEEE/RSJ International Conference on Intelligent Robots and Systems. IROS 1996, Osaka, Japan, Nov 8-8. 1996.

[10] ROS. base_local_planner [EB/OL]. http://wiki.ros.org/base_local _planner.

[11] 杨晶东 . 移动机器人自主导航关键技术研究 [D]. 哈尔滨：哈尔滨工业大学 , 2008.

[12] 李岳龙 . GAP-RBF 自增长自消减神经网络在机器人上的应用 [D]. 重庆：重庆大学 , 2015.

[13] ROS Wiki. Setup and Configuration of the Navigation Stack on a Robot [EB/OL]. http://wiki. ros.org/ navigation/Tutorials/RobotSetup.

[14] ROS Wiki. Setting up your robot using tf [EB/OL]. http://wiki.ros.org/ navigation/Tutorials/ RobotSetup/TF.

[15] ROS Wiki. Publishing Odometry Information over ROS [EB/OL]. http://wiki.ros.org/ navigation/Tutorials/RobotSetup/Odom。

[16] ROS Wiki. Publishing Sensor Streams Over ROS [EB/OL]. http://wiki.ros.org/ navigation/ Tutorials/RobotSetup/Sensors.

CHAPTER 9

第 **9** 章

机器人语音交互功能的基础理论

语音是人与机器人交互最友好、最自然的方式。机器人的语音交互系统包括自动语音识别（Automatic Speech Recognition，ASR）、语义理解（Speech Understanding）、语音合成（也称为文语转换，Text to Speech，TTS）等基础技术。

1）**自动语音识别技术**：解决的是机器人"听得见"的问题。它相当于机器人的耳朵，其目标是通过计算机自动将人类的语音内容转换为相应的文本，包含信号处理及特征提取、声学模型、发音词典、语言模型、解码器等模块。在这里，麦克风的选择非常重要，需要根据使用环境（是远场识别还是近场识别）来决定。

2）**语义理解技术**：解决的是机器人"听得懂"的问题。它主要研究如何让机器人理解和运用人类的自然语言。根据具体任务，对识别的语音做出相应反应，向其他节点发出消息。语义理解技术的困难主要是语义的复杂性。

3）**语音合成技术**：将文字转换为语音输出。

本章将对以上语音交互功能实现的基础理论进行详细介绍。其中，语音识别部分将详细介绍隐马尔可夫模型、高斯混合模型、深度神经网络等声学模型与方法。并且介绍 N-gram、NNLM、Word2Vec 等语言模型与方法。语义理解部分将详细介绍 Seq2Seq 的方法。本章的内容有助于理解第 10 章使用的开源语音识别系统 PocketSphinx。该语音识别系统基于隐马尔可夫声学模型和 N-gram 语言模型，语义理解则通过使用 if 条件判断的方式执行关键词命令来实现。

9.1 语音识别

顾名思义，语音识别就是输入一段语音信号，找到一个对应的文字序列，使得这段文字序列与语言信号的匹配度最高。为了实现这个目的，现代语音识别系统主要由声学模型、语言模型和解码器三个核心部分组成。其中，声学模型主要用来构建输入语音和输出声学单元之间的概率映射关系；语言模型用来描述不同字词之间的概率搭配关系，使得识别出的句子更像自然文本；解码器负责根据声学单元概率数值和语言模型在不同搭配上的打分进行筛选，最终得到最可能的识别结果。通过声学模型和语言模型实现的语音识别可以表示为如下的公式：

$$\arg\max P(S\,|\,O)=\arg\max P(O\,|\,S)P(S) \tag{9.1}$$

$P(O|S)$ 表示声学模型，$P(S)$ 表示语言模型，O 代表语音输入，S 代表文本序列。

9.1.1 声学模型

传统的语音识别声学模型采用隐马尔可夫模型 – 高斯混合模型（HMM-GMM）的方式，随着深度神经网络的发展，HMM-DNN 的声学模型已被普遍使用。

1. 隐马尔可夫模型

声学模型的作用是基于语音数据库中的语音特征训练出模型，用来构建输入语音和输出声学单元之间的概率映射关系，从而实现对语音信息的声音匹配。本章案例使用的 Sphinx 语音识别系统的声学模型是基于隐马尔可夫模型（Hidden Markov Model，HMM）实现的。

在介绍隐马尔可夫模型前，我们先了解一下马尔可夫链。使用 $S_1, S_2, \cdots, S_n$ 表示一个具有 n 个状态的系统，该系统运行一段时间之后进行了状态的转移，假设 t 时刻系统的状态用 q_t 表示，系统在 t 时刻的状态为 S_j 的概率与 $1, 2, \cdots, t-1$ 时刻系统的状态有关，用概率表示为：

$$P(q_t = S_j\,|\,q_{t-1} = S_i, q_{t-2} = S_k, \cdots, q_1 = S_m) \tag{9.2}$$

系统在时刻 t 的状态只与前一个状态有关，而与之前的历史状态无关，具有这种特征的系统就称为一阶马尔可夫链，并且此系统离散，即

$$P(q_t = S_j\,|\,q_{t-1} = S_i, q_{t-2} = S_k, \cdots) = P(q_t = S_j\,|\,q_{t-1} = S_i) \tag{9.3}$$

当只考虑与时刻 t 有关的随机过程时，即

$$P(q_t = S_j\,|\,q_{t-1} = S_i, q_{t-2} = S_k, \cdots, q_1 = S_m) = P(q_t = S_j\,|\,q_{t-1} = S_i) \tag{9.4}$$

$a_{i,j}$ 表示状态转移概率，该概率要满足两个条件：$a_{i,j} \geq 0$，且 $\sum_{j=1}^{N} a_{i,j} = 1$。

由于未定义系统的初始状态，因此向量 $\boldsymbol{\pi}$ 用于表示每个状态的初始概率：

$$\boldsymbol{\pi} = \left\{ \boldsymbol{\pi}_i\,|\,\boldsymbol{\pi}_i = P(q_t = S_i) \right\} \tag{9.5}$$

$$\sum_{j=1}^{N} \boldsymbol{\pi}_j = 1 \tag{9.6}$$

隐马尔可夫模型是一种统计模型，也是一个二重马尔可夫随机过程。"隐"表示其状态之间的转移过程是不可观测的，它对应于转移概率矩阵；当状态转移时，它生成或接受一个符号（即观测值），这是一个随机过程，对应于发射概率矩阵。隐马尔可夫模型可以被看作一种有限状态自动机，通过定义观测序列与标记序列的联合概率来模拟生成过程。难点在于从可观测的参数中确定过程中的隐式参数。

给定观测序列 $\boldsymbol{O} = O_1, O_2, \cdots, O_T$，状态序列 $\boldsymbol{Q} = q_1, q_2, \cdots, q_T$，隐马尔可夫模型必

须满足三条假设：

1）马尔可夫假设：$P(q_i|q_{i-1}\cdots q_1)=P(q_i|q_{i-1})$，即状态 q_t 只与 q_{t-1} 有关，与之前的状态 $q_1,q_2,\cdots,q_{t-2}$ 无关。

2）不定性假设：对于任何 i 和 j，满足 $P(q_{i+1}|q_i)=P(q_{j+1}|q_j)$。

3）输出独立性假设：$P(O_1,\cdots,O_T|q_1,\cdots,q_T)=\prod P(O_t|q_t)$。

一个隐马尔可夫模型的参数可以表示为：

$$\lambda=(N,M,A,B,\pi) \tag{9.7}$$

上式中，$N=\{q_1,\cdots,q_N\}$ 代表模型中的状态；$M=\{v_1,\cdots,v_M\}$ 代表模型中的观测值；$A=\{a_{ij}\}$（$a_{ij}=P(q_t=S_j|q_{t-1}=S_i)$）是状态转移矩阵；$B=\{b_{jk}\}$（$b_{jk}=P(O_t=v_k|q_t=S_j)$）表示隐含状态到观测值转移的概率发射矩阵；$\pi=\{\pi_i\}$（$\pi_i=P(q_t=S_i)$）是一个行向量，表示模型初始状态的概率分布。

给定一个观测序列 $O=O_1,\cdots,O_T$，隐马尔可夫模型主要解决以下三种问题：

1）评估问题：计算这个观测序列由该模型产生的可能性 $P(O|\lambda)$，在实际应用中可采用前向 – 后向算法求解。

2）解码问题：如何选择一个状态序列 $Q=q_1,q_2,\cdots,q_T$，使得观测序列 O 是最具可能性的，即求解 $P(Q|O,\lambda)$ 的最大值。在实际应用中可采用 Viterbi 算法求解。

3）学习问题：如何通过调整参数 λ 以最大化 $P(O|\lambda)$，在实际应用中可采用 Baum-Welch 算法求解。

隐马尔可夫模型之所以能运用到语音识别中，是因为声音信号可被看作一个分段稳定信号或者一个短时间稳定信号，且隐马尔可夫模型具有如下特点：

1）时刻 t 的隐藏条件和时刻 $t-1$ 的隐藏条件有关。因为人类语音具有前后的关联关系，例如，"They are"常常发音成"They're"，而且语音辨识中用句子的发音来进行分析，所以需要考虑每个音节的前后关系，才能够得到较高的准确率。同时，句子中的单字有前后关系。从英文语法来看，主语后面常常接动词或助动词。从单字的使用方法来看，对应的动词会有固定使用的介词或对应名词，因此分析语音信息时为了提升每个单字的准确率，需要分析前后的单字。

2）隐马尔可夫模型将输入信息视为由一个个单位组成的信号，接着进行分析，这与人类语音模型的特性相似。语音系统辨识的单位为一个单位时间内的声音。利用语音处理方法，可将单位时间里的声音转换成离散信号。

3）隐马尔可夫模型使用的隐藏条件也是被封装的，因此使用隐马尔可夫模型来处理声音信号比较合适。

2. 高斯混合模型

通过前面隐马尔可夫模型的介绍，我们初步理解了声音输入音节是 HMM 中的可观测量 O，而这段声音对应的单词是 HMM 的隐含状态 S，隐含状态到可观测量之间通过观测状态转移概率矩阵 B 建立起联系，而高斯混合模型（Gaussian

Mixture Model，GMM）就是用来得到 B，即 $b_i(o_t)$，也称为观测态的似然值。

首先，我们用单变量高斯密度函数估计一个特定隐马尔可夫状态 i 生成一维特征向量 o。假设 o 满足正态分布，那么可以用一个高斯函数来表示可观测变量的似然函数 $b_i(o_t)$，其中 $\sum\limits_{t=1}^{T}\xi_t(i)$ 表示从状态 i 转移出去的数目。

$$b_i(o_t) = \frac{1}{2\pi\sigma_i^2}\exp\left(-\frac{(o_t - \mu_i)^2}{2\sigma_i^2}\right) \qquad (9.8)$$

$$\mu_i = \frac{\sum\limits_{t=1}^{T}\xi_t(i)o_t}{\sum\limits_{t=1}^{T}\xi_t(i)} \qquad (9.9)$$

$$\sigma_i^2 = \frac{\sum\limits_{t=1}^{T}\xi_t(i)(o_t - \mu_i)}{\sum\limits_{t=1}^{T}\xi_t(i)} \qquad (9.10)$$

无法对一个从麦克风输入的语音信号直接进行语音识别，需要经过特征提取。最常用到的语音特征提取方法就是梅尔倒谱系数（MFCC）。当一段语音信号经过梅尔倒谱系数进行特征提取后，会得到多维度的特征，因此，单变量高斯密度函数要扩展为多元高斯分布进行求解。在高斯分布中，需要假设每个特征都是正态分布的，这个假设对实际特征来说太强了，因此在实际应用中往往使用加权的混合多变量高斯分布来求解似然函数，即高斯混合模型。

$$b_i(o_t) = \sum_{m=1}^{M}c_{jm}\frac{1}{\sqrt{2\pi|\sum_{im}|}}\exp[(x - \mu_{im})^T\sum\nolimits_{im}^{-1}(o_t - \mu_{im})] \qquad (9.11)$$

从 GMM-HMM 到 DNN-HMM 如图 9-1 所示。

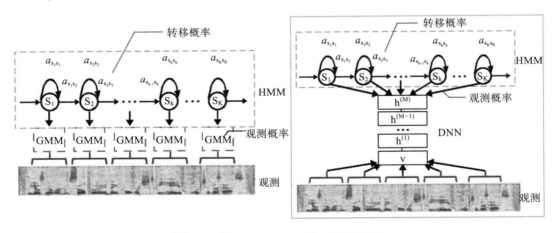

图 9-1　从 GMM-HMM 到 DNN-HMM

3. 深度神经网络

高斯混合模型能将语音信号特征转换成观测状态转移概率矩阵，输入隐马尔可夫模型中进行识别。使用深度神经网络（Deep Neutral Network，DNN）可以实现这个功能，相比高斯混合模型，深度神经网络具有以下优势：

- ❏ DNN 对语音声学特征的后验概率进行建模时，不需要对特征的分布进行去分布假设。
- ❏ GMM 要求对输入的特征进行去相关处理，而 DNN 可以采用各种形式的输入特征。
- ❏ GMM 只能采用单帧语音作为输入，而 DNN 则可以通过拼接相邻帧的方式利用上下文的有效信息。

总体来说，声学模型的任务就是描述语音变化规律，构建输入语音和输出声学单元之间的概率映射关系。声学模型涵盖了 HMM、DNN、RNN 等模型，不同的声学模型通常具有不同的识别性能，而噪声、口音、发音习惯（吞音）等问题仍然存在。如果希望获得更好的性能，还需要结合应用环境进一步优化。

9.1.2　语言模型

语言模型是一个基于概率的判别模型，即输入一句话（单词的顺序），得到的输出是这句话的概率，也就是这些单词的联合概率。例如，在语言识别中，对于语言输入"nixianzaiquganshenme"，第一种识别是"你西安区赶什么"，P=0.01；第二种识别是"你现在去干什么"，P=0.2。通过语言模型，我们可以得到更加符合语法的结果。

1. N-gram

对于一个由 m 个词组成的序列（句子）$S = (\omega_1, \omega_2, \cdots, \omega_m)$，假设每个单词 ω_i 都依赖于从第一个单词 ω_1 到它之前一个单词 ω_{i-1} 的影响，要计算概率 $P = (\omega_1, \omega_2, \cdots, \omega_m)$，由链式法则可得：

$$P(S) = P(\omega_1\omega_2\cdots\omega_m) = P(\omega_1)P(\omega_2 \mid \omega_1)\cdots P(\omega_m \mid \omega_{m-1}\cdots\omega_2\omega_1) \tag{9.12}$$

但是，上述公式的参数空间过大，$P(\omega_m \mid \omega_{m-1}\cdots\omega_2\omega_1)$ 有 $O(m)$ 个参数。为解决这个问题，可利用马尔可夫假设：当前一个词的出现仅与它前面的若干个词相关。这样，就不必追溯到第一个词，从而大幅缩减上式的参数空间，即

$$P(\omega_i \mid \omega_1, \omega_2, \cdots, \omega_{i-1}) = P(\omega_i \mid \omega_{i-n+1}, \cdots, \omega_{i-1}) \tag{9.13}$$

当 N=1 时，为一元模型（Uni-gram model），即

$$P(\omega_1, \omega_2, \cdots, \omega_m) = \prod_{i}^{m} P(\omega_i) \tag{9.14}$$

当 N=2 时，此时一个词的出现仅依赖于它前面出现的一个词，为二元模型（Bi-gram model）：

$$P(S) = P(\omega_1\omega_2\cdots\omega_m) = P(\omega_1)P(\omega_2\mid\omega_1)\cdots P(\omega_m\mid\omega_m\omega_{m-1})\qquad(9.15)$$

当 N=3 时，此时一个词的出现仅依赖于它前面出现的两个词，为三元模型（Tri-gram model）：

$$P(S) = P(\omega_1\omega_2\cdots\omega_m) = P(\omega_1)P(\omega_2\mid\omega_1)\cdots P(\omega_m\mid\omega_m\omega_{m-1})\qquad(9.16)$$

阶数 N 表示语言模型的复杂性和精确性。实践表明，N 值越大，模型精度越高，但其复杂度也越高。N 的取值通常为 $1\sim3$。Sphinx 语言模型结合了二元语法与三元语法，利用前一个或两个单词的概率计算当前单词的概率。概率估计方法是通过极大似然估计（Maximum Likelihood Estimation，MLE）计算条件概率，使训练样本的概率取得最大值。对于三元模型，当前单词的概率表示为：

$$P(\omega_m\mid\omega_{m-2}\omega_{m-1}) = \frac{P(\omega_{m-2}\omega_{m-1}\omega_m)}{P(\omega_{m-2}\omega_{m-1})}\qquad(9.17)$$

因为 $P(\omega_{m-2}\omega_{m-1}\omega_m)$ 和 $P(\omega_{m-2}\omega_{m-1})$ 未知，$\omega_{m-2}\omega_{m-1}\omega_m$ 与 $\omega_{m-2}\omega_{m-1}$ 的数量需要从语料库中计数，分别表示为 $C(\omega_{m-2}\omega_{m-1}\omega_m)$ 与 $C(\omega_{m-2}\omega_{m-1})$。根据极大似然估计的规则，$P(\omega_{m-2}\omega_{m-1}\omega_m)$ 可以表示为：

$$P(\omega_{m-2}\omega_{m-1}\omega_m) = \frac{C(\omega_{m-2}\omega_{m-1}\omega_m)}{\sum_{(\omega_{m-2}\omega_{m-1}\omega_m)}C(\omega_{m-2}\omega_{m-1}\omega_m)}\qquad(9.18)$$

上式表示 $C(\omega_{m-2}\omega_{m-1}\omega_m)$ 与三元模型的数量之比，任意基于 N-gram 的模型的概率都可以通过上式计算。语料库中包含的单词数量为 L，三元模型的数量应为 $L-2$，二元模型的数量应为 $L-1$。当 L 很大时，$L-2\approx L-1$，可以得到：

$$P(\omega_m\mid\omega_{m-2}\omega_{m-1}) = \frac{C(\omega_{m-2}\omega_{m-1}\omega_m)/L-2}{C(\omega_{m-2}\omega_{m-1})/L-1} \approx \frac{C(\omega_{m-2}\omega_{m-1}\omega_m)}{C(\omega_{m-2}\omega_{m-1})}\qquad(9.19)$$

但这样的估计将产生一个严重的问题。如果 $C(\omega_{m-2}\omega_{m-1}\omega_m)$ 为 0，则 $P(\omega_m\mid\omega_{m-2}\omega_{m-1})$ 为 0，单词序列 S 将不考虑声音信号的模糊程度，使整个句子的概率为零，从而导致数据稀疏问题。为了在语言模型中解决这个问题，使用平滑技术来调整概率的最大似然估计，以产生更精确的概率。常用的平滑方法有以下几种。

1）拉普拉斯平滑：强制让所有 N-gram 至少出现一次，只需要在分子和分母上分别做加法即可。这个方法的弊端是大部分 N-gram 都是没有出现过的，很容易为它们分配过多的概率空间。

$$P(\omega_n\mid\omega_{n-1}) = \frac{C(\omega_{n-1}\omega_n)+1}{C(\omega_{n-1})+|V|}\qquad(9.20)$$

$C(\omega_{n-1}\omega_n)$ 表示同时出现 ω_{n-1} 和 ω_n 的次数，$C(\omega_{n-1})$ 表示出现 ω_{n-1} 的次数，V 表示词库的大小。

2）内插法：高阶组合可能出现的次数为 0，那么低阶一点的组合总有不为 0 的。例如，对于一个三阶组合，假设 $P(\omega_n\mid\omega_{n-1}\omega_{n-2})=0$，而 $P(\omega_n\mid\omega_{n-1})>0$ 且 $P(\omega_n)>0$，

同时加权平均后的概率不为 0，从而达到平滑的效果。

$$P(\omega_n \mid \omega_{n-1}\omega_{n-2})=\lambda_3 P(\omega_n \mid \omega_{n-1}\omega_{n-2}) + \lambda_2 P(\omega_n \mid \omega_{n-1}) + \lambda_1 P(\omega_n) \tag{9.21}$$

3）回溯法：回溯法与内插法类似，只是它会尽可能地用最高阶组合计算概率，当高阶组合不存在时，退而求其次找低阶，直到找到非零组合为止。

$$P(\omega_n \mid \omega_{n-1}\cdots\omega_{n-N+1})=\begin{cases} P^*(\omega_n \mid \omega_{n-1}\cdots\omega_{n-N+1}) & C(\omega_{n-1}\cdots\omega_{n-N+1})>0 \\ \alpha(\omega_{n-1}\cdots\omega_{n-N+1})P(\omega_n \mid \omega_{n-1}\cdots\omega_{n-N+2}) & \text{其他} \end{cases} \tag{9.22}$$

N-gram 语言模型对数据集是十分敏感的，训练数据集不同，生成的语言模型也会不同，因此，对于用于机器人日常问答的语音识别的语言模型，应该使用问答的语料库来进行训练。

2. NNLM

NNLM（Neural Network based Language Model，基于语言模型的神经网络）由 Bengio 在 2003 年提出。它是一个很简单的模型，由输入层、嵌入层、隐含层和输出层组成。模型接收的输入是长度为 n 的词序列，输出是下一个词的类别，其原理如图 9-2 所示。首先，输入是单词序列的 index 序列，例如，单词 I 在字典（大小为 $|v|$）中的 index 是 10，单词 am 的 index 是 23，Bengio 的 index 是 65，则句子"I am Bengio"的 index 序列就是 10, 23, 65。嵌入层（embedding）是一个大小为 $|V| \times K$ 的矩阵，从中取出第 10、23、65 行向量拼成 $3 \times K$ 的矩阵就是嵌入层的输出了。隐含层接受拼接后的嵌入层输出作为输入，以 tanh 为激活函数，最后送入带 softmax 的输出层，输出结果是一个概率值。

NNLM 的最大缺点就是参数多，训练慢。另外，NNLM 要求输入是定长 n，定长输入这一点本身就很不灵活，同时不能利用完整的历史信息。

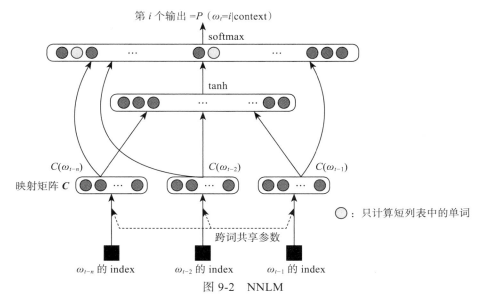

图 9-2　NNLM

3. Word2Vec

从 NNLM 开始，神经网络就用于搭建语言模型，简而言之就是已知文本前 k 个单词，使用神经网络预测当前单词的概率。Word2Vec 就是在这个基础上发展而来的。在介绍 Word2Vec 之前，我们先介绍下词向量的概念。

所谓词向量，就是将来自词汇表的单词或短语映射到实数的向量。例如，king 这个词可以用向量 [1,0,0,0] 表示，queen 可以用向量 [0,1,0,0] 表示，man 可以用向量 [0,0,1,0] 表示，woman 可以用向量 [0,0,0,1] 表示。像这样用来表示词的向量就是我们所说的独热编码的词向量。词向量虽然表示起来非常简单，却存在很多问题，其中最大的问题是词汇表一般比较大。如果表示 10 000 个词，每个词都要用长度为 10 000 的向量表示；要表示 10 万个词，每个词都要用长度为 10 万的向量表示。这样，用来表示词的向量只有在一个位置上是 1，其余的位置全部是 0，数据稀疏且表达效率低。同时，我们可以分辨出 king 和 queen 都属于皇族，king 和 man 都是男性，因此这类词之间存在某些相似的关系，但是独热编码的词向量不能表示出这种相关性。

为了解决这些问题，科学家们通过训练，将每个词都映射到一个较短的词向量上，所有词向量就构成了向量空间。可以用统计学的方法来研究词与词之间的关系，这个较短的词向量维度由训练过程指定。例如，我们可以用代表皇族和性别的二维词向量来表示上面四个单词 ["royal"，"sex"]，那么 "king"=[0.99,0.99]，"queen"=[0.99,0.01]，"man"=[0.01,0.99]，"woman"=[0.01,0.01]。我们称独热编码表示的词向量转换为短的连续向量空间表示的过程为 Word2Vec。

通过 Word2Vec，我们可以发现：$\overrightarrow{king} - \overrightarrow{man} + \overrightarrow{woman} = \overrightarrow{queen}$。在语音识别的语言模型中，Word2Vec 带来了更好的泛化能力。例如：

The cat is walking in the bedroom

A dog was running in a room

如果第一句话在训练语料中出现过多次，语言模型会认为第一句话符合语法规则，输出概率很高；但是第二句话在语料中出现得少，语言模型会认为第二句话不符合语法规则，输出概率低。但是有了 Word2Vec 方法，语言模型会知道 the 和 a 是相似的，cat 和 dog 也相似，就给相似的词类似的概率，那么第二句话也可以得到比较高的输出概率。

语言模型通过描述不同字词之间的概率搭配关系，表达了自然语言包含的语言学知识。语言模型包括 N-gram、NNLM、Word2Vec 等。NNLM 通过构建神经网络来探索自然语言内在的依赖关系，尽管与统计语言模型的直观性相比，NNLM 的可解释性较差，但这并不妨碍其成为一种非常好的概率分布建模方式。因此，需要结合具体情境对语言模型进行选择和优化。

9.2 语义理解

机器人识别语音输入，并将其转换为文本序列后，如何让机器人按照语音识别的结果去执行命令就成为关键问题。最简单的方法是用 if 条件判断的方式执行关键词命令。例如：如果听到" follow "这个单词，机器人执行跟随的动作；如果听到" face recognition "这个单词，机器人就执行人脸识别的程序。这也是在不太复杂的情况下使用较多的方法。

在这里，我们将介绍一种基于神经网络的 Seq2Seq（Sequence to Sequence）的方法，让机器人能够"听懂"人类的话，并给出回答。

Seq2Seq

首先，我们简单介绍一下循环神经网络（RNN）。如图 9-3 所示，其中 X 是输入，U 是输入层到隐含层的权重，s 是隐含层值，W 是上个时刻隐含层作为这个时刻输入的权重，V 是隐含层到输出层的权重，o 是输出，t 是时间变量，$t-1$ 是上一时刻，$t+1$ 则是下一时刻，不同时刻的输入对应不同的输出。

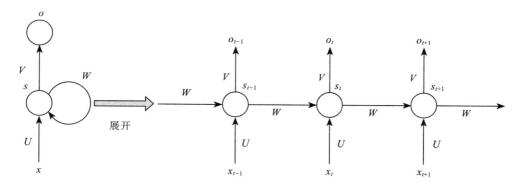

图 9-3　循环神经网络结构

根据输入 / 输出的不同数量，RNN 可以有不同的结构和不同的应用场合（如图 9-4 所示）。

- ❑ 一对一（one to one）结构：给一个输入，得到一个输出。这种结构并未体现序列的特征，例如图像分类场景。
- ❑ 一对多（one to many）结构：给一个输入，得到一系列输出。这种结构可用于生产图片描述的场景。
- ❑ 多对一（many to one）结构：给一系列输入，得到一个输出。这种结构可用于文本情感分析，如对一系列文本输入进行分类，分析是消极还是积极情感。
- ❑ 多对多（many to many）结构：给一系列输入，得到一系列输出。这种结构可用于翻译或聊天对话场景，将输入的文本转换成另外一系列文本。
- ❑ 同步多对多结构：它是经典的 RNN 结构，前一输入的状态会带到下一个状态中，而且每个输入都会对应一个输出。我们最熟悉的应用同步多对多结构的场景就是字符预测了，也可以将它用于视频分类，给视频的帧打标签。

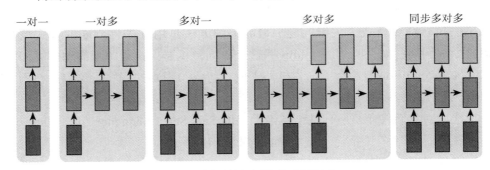

一对一　　　一对多　　　　　多对一　　　　　　多对多　　　　　同步多对多

图 9-4　循环神经网络的应用场合

Seq2Seq（如图 9-5 所示）属于循环神经网络中的多对多结构的情况，它实现了从一个序列到另一个序列的转换。详细来说，Seq2Seq 属于一种编码器 + 解码器结构，它的基本思想就是利用两个 RNN，一个 RNN 作为编码器，另一个 RNN 作为解码器。编码器负责将输入序列压缩成指定长度的向量，这个向量就可以看成这个序列的语义，我们称为语义向量，这个过程称为编码。解码器则负责根据语义向量生成指定的序列，这个过程称为解码，最简单的方式是将编码器得到的语义变量作为初始状态输入到解码器的 RNN 中，得到输出序列，上一时刻的输出会作为当前时刻的输入。因为编码过程中每个输入词对解码过程中每个输出词的影响是不同的，为了得到更好的解码结果，研究者会使用注意力机制对输入词分配不同的权重，以生成更好的输出词。

编码　　　　　　　　　　　　　　　　　　　　　　　　　　输出回答

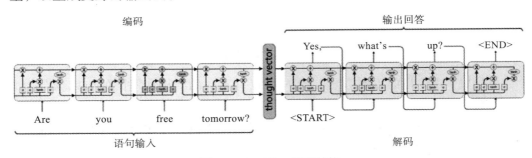

Are　　　you　　　free　　tomorrow?　　<START>

语句输入　　　　　　　　　　　　　　　　　解码

图 9-5　Seq2Seq 模型结构

9.3　语音合成

语音合成，通常也称为文语转换（Text To Speech，TTS），是一种可以将任意输入文本转换成相应语音的技术，是人机语音交互中不可或缺的模块之一。

现代 TTS 的流程十分复杂。比如，统计参数 TTS（statistical parametric TTS）通常具有提取各种语言特征的文本前端、持续时间模型（duration model）、声学特征预测模型和基于复杂信号处理的声码器。这些部分的设计需要不同领域的知识，需要花费大量精力。它们还需要分别训练，这意味着来自每个组件的错误可能会叠加到一起。现代 TTS 设计的复杂性让我们在构建新系统时需要做大量的工作。

　　语音合成系统通常包含前端和后端两个模块。前端模块主要是对输入文本进行分析，提取后端模块需要的语言学信息。对中文合成系统来说，前端模块一般包含文本正则化、分词、词性预测、多音字消歧、韵律预测等子模块。后端模块根据前端分析结果，通过一定的方法生成语音波形。后端模块一般分为基于统计参数建模的语音合成（Statistical Parameter Speech Synthesis，SPSS），以及基于单元挑选和波形拼接的语音合成两条技术主线。

　　传统的语音合成系统一般采用隐马尔可夫模型来进行统计建模。近年来，深度神经网络由于具有较高的建模精度，被越来越多地应用到语音合成领域。语音合成技术中用到的神经网络模型主要有 DNN、RNN、LSTM-RNN 等。

　　本章侧重于机器人语音交互功能的基础理论知识学习，主要介绍了语音识别、语义理解和语音合成技术。语音识别技术解决的是机器人"听得见"的问题，语义理解技术解决的是机器人"听得懂"的问题，语音合成技术用于将文本转换为语音输出。通过三个基本技术的整合和应用，可实现机器人基本的语音交互功能。本章对语音技术和声学模型等理论知识的学习，可以为下一章机器人语音交互功能的操作和具体实现奠定基础。

参考文献

[1]　刘易．基于隐性马尔可夫模型的分组手势识别 [D]．哈尔滨：哈尔滨工业大学，2016．

[2]　Eddy S R. Hidden Markov models[J]. Current Opinion in Structural Biology, 1996, 6(3): 361-365.

[3]　岑咏华，韩哲，季培培．基于隐马尔可夫模型的中文术语识别研究 [J]．数据分析与知识发现，2008, 24(12): 54-58．

[4]　Rabiner L R. A Tutorial on Hidden Markov Models and Selected Applications in Speech Recognition[J]. Proceedings of the IEEE, 1989, 77(2): 257-286.

[5]　知乎．语音识别笔记（四）：基于 GMM-HMM 的自动语音识别框架 [EB/OL]. https://zhuanlan.zhihu.com/p/39390280.

[6]　CSDN. 语音识别技术之声学模型 [EB/OL]. https://blog.csdn.net/wja8a45tj1xa/article/details/78712930.

[7]　雷锋网．科大讯飞最新语音识别系统和框架深度剖析 [EB/OL]. https://www.leip-hone.com/news/201608/4HJoePG2oQfGpoj2.html.

[8]　CSDN. 自然语言处理 NLP 中的 N-gram 模型 [EB/OL]. https://www.baidu.com/link?url=Usifj7cxHAZ6_H7sUs6fhKAF0dJc1MlauBb07pHTIMVx1jQ_1UvV3sxcKiBKdhHM4wGybtbiOQZ6eHdGCBS l0XDNoUXm6Tw4bpMdGC97W&wd=&eqid=cfead8d70000c2bf000000035cc56699.

[9]　程志强．基于语音识别与文字理解的导购机器人设计与实现 [D]．武汉：武汉科技大学，2014．

[10]　Li Z, He B, Yu X, et al. Speech interaction of educational robot based on Ekho and Sphinx[C].

Proceedings of the 2017 International Conference on Education and Multimedia Technology, Singapore, July 09-11, 2017, 14-20.

[11] CSDN. word2vect 基础知识 [EB/OL]. https://blog.csdn.net/yuyang_1992/article/details/83685421.

[12] 博客园 . 深度学习的 seq2seq 模型 [EB/OL]. http://www.cnblogs.com/bonelee/p/8484555.html.

[13] CSDN. 深度学习之 RNN（循环神经网络）[EB/OL]. https://blog.csdn.net/qq_32241189/article/details/80461635.

CHAPTER 10

第 10 章

机器人语音交互功能的实现——PocketSphinx

前面我们已经了解了语音识别的基础理论。在具体实现中，有许多成熟的语音识别的程序包可供使用，与 ROS 结合最紧密的是 PocketSphinx 语音识别系统和 Festival 语音合成系统。本章将详细介绍 PocketSphinx。

首先，我们介绍语音识别需要的硬件，然后简单介绍 PocketSphinx 语音识别系统，之后详细介绍在 Indigo 版本下如何安装、测试 PocketSphinx，以及如何通过 ROS 话题将语音识别的结果信息发布出去，以控制机器人执行相应的任务。如果使用 ROS Kenetic，PocketSphinx 的安装方式会有所不同，10.4 节将对此进行说明。语音识别是智能服务机器人的一个重要的技术，需要熟练掌握。

10.1 硬件设备

语音是人与机器人交互的最友好、自然的方式。要实现和机器人的语音交互，离不开相应的硬件设备。通常需要用麦克风作为语音输入接口，通过计算机进行语音数据的处理，用音响或扬声器作为语音的输出接口。本书中的机器人采用爱图仕 V-Mic D1 麦克风（如图 10-1 所示）作为语音输入接口，并用漫步者 M16 音响（如图 10-2 所示）作为语音输出接口。

图 10-1　麦克风　　　　　　　　　　　图 10-2　音响

10.2 PocketSphinx 语音识别系统简介

Sphinx 是由美国卡内基梅隆大学（CMU）开发的一种连续语音识别系统。实际上，Sphinx 是一个开源语音识别软件包，当前版本为 Sphinx 4.0。它可以在多个平台上运行，并且可移植性与扩展性好、鲁棒性强。Sphinx 支持 Windows、Linux、Unix 等多种操作系统，并支持多种语言的识别。本书使用的操作系统是 Ubuntu 14.04，识别的语言是英语。作为一种连续语音识别系统，当词汇量为中等词汇量时，Sphinx 的识别率约为 80%，当词汇量为小词汇量时，其识别率达 98% 以上。

Sphinx 连续语音识别系统的组成如图 10-3 所示，其核心部分为声学模型、语言模型和语音解码搜索算法。

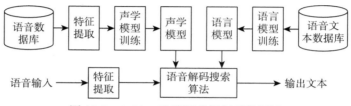

图 10-3　Sphinx 连续语音识别系统框图

1）**声学模型**：基于语音数据库中的语音特征训练出模型，用来构建输入语音和输出声学单元之间的概率映射关系，从而实现对语音信息的声音匹配。Sphinx 语音识别系统的声学模型基于隐马尔可夫模型。

2）**语言模型**：对语言文本数据库中的语言文本进行语法分析，描述不同字词之间的概率搭配关系，使用统计模型建立语言模型，这样识别出的句子更接近自然文本。Sphinx 采用 N 元语法模型（N-gram）的统计语言模型。

3）**解码器**：利用声学模型单元概率数值与语言模型进行不同搭配，以最大概率对输入的语音信号进行字符匹配，得到最可能的识别结果，从而将语音信号转化为文本。在这个过程中，利用字典文件与训练好的语言模型和声学模型创建一个识别网络，通过搜索算法解码器在网络中找到一条最佳的路径，此路径就是一个对语音信号识别的概率最大的字符串。因此，解码操作是指通过搜索算法在解码端搜索最佳匹配字串。目前主要的解码技术都是基于 Viterbi 算法，包括 Sphinx。Viterbi 算法是基于动态规划的，它遍历隐马尔可夫状态网络，保留每帧语音在某个状态下的最佳路径得分。Viterbi 算法在进行状态处理时，先处理当前的状态信息，再处理下一状态信息，Viterbi 算法减少了搜索的范围，提高了搜索的速度，能够达到实时同步的效果。

Sphinx 语音识别模块主要包括以下部分。

1）Sphinx：一个用 C 语言编写的轻量级语音识别库，它利用预处理阶段生成的特征参数和经过训练的声学模型、语言模型来执行实际的解码操作，并生成识别结果。它是语音识别系统中的关键模块。

2）Sphinx Train：声学模型训练的工具，利用特征提取中的特征值进行隐马尔可夫模型建模，并不断更新模型的混合高斯密度函数的方差、权重、均值等参数。

3）Sphinx Base：Sphinx 和 Sphinx Train 所需的支持库。

　　相比谷歌、百度以及科大讯飞提供的软件开发工具包，Sphinx 最大的特点就是支持离线使用，本章后面将简单介绍机器人离线语音识别和语音合成的方法。

10.3　在 Indigo 上安装、测试 PocketSphinx

10.3.1　PocketSphinx 的安装

1. 下载

　　读者可以在本书资源中找到 pocketsphinx-5prealpha.tar.gz 与 sphinxbase-5prealpha.tar.gz，也可以参考 https://cmusphinx.github.io/wiki/download/。

2. 编译安装

　　PocketSphinx 的编译安装请参考 https://cmusphinx.github.io/wiki/tutorialpocketsphinx/ 或者 http://wiki.ros.org/pocketsphinx。首先解压下载的资源：

```
$ tar -xzf pocketsphinx-5prealpha.tar.gz
$ tar -xzf sphinxbase-5prealpha.tar.gz
```

　　应确保安装了以下依赖项：gcc、automake、autoconf、libtool、bison、swig（至少 2.0 版）、Python 开发包和 pulseaudio 开发包。对于初学者，建议安装所有依赖项。建议用"sudo apt-get install [名字]"命令安装依赖项。

　　接下来编译和安装 Sphinx Base。将当前目录更改为 sphinxbase_5prealpha 文件夹，运行以下命令以生成配置文件：

```
$ ./autogen.sh
```

　　编译安装的命令如下：

```
$ ./configure
$ make
$ make install
```

　　最后一步可能需要根权限，因此需要运行 sudo make install 命令。

　　默认情况下，Sphinx Base 将安装在 /usr/local/ 目录中。Ubuntu 会自动从该文件夹加载库，如果没有，则需要配置路径以查找共享库。这可以在 /etc/ld.so.conf 文件中完成，也可以通过导出环境变量来完成：

```
export LD_LIBRARY_PATH=/usr/local/lib
export PKG_CONFIG_PATH=/usr/local/lib/pkgconfig
```

　　然后，切换到 pocketsphinx 文件夹并执行相同的步骤：

```
$ ./autogen.sh
$ ./configure
$ make
$ sudo make install
```

3. 测试

编译后，要测试安装。此时，要运行 pocketsphinx_continuous -inmic yes 命令，并检查它是否能识别你通过麦克风讲出的单词。另外，还需要进行下述安装：

```
$ sudo apt-get install ros-indigo-audio-common
$ sudo apt-get install libasound2
```

如果出现错误，如 error while loading shared libraries: libpocketsphinx.so.3，则需要检查上述 LD_LIBRARY_PATH 环境变量的链接器配置。

如果识别结果不理想，可能是麦克风设置问题。要设置麦克风设备，可以在"系统设置"中打开 Sound 选项卡，在 Input 设置中选择要插入的麦克风设备，调节输入音量，并测试麦克风是否有语音输入，如图 10-4 所示。

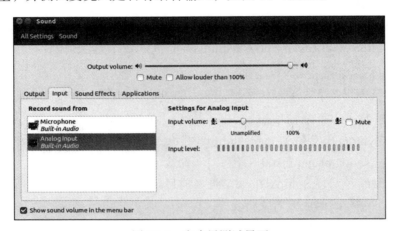

图 10-4   麦克风测试界面

10.3.2   安装语音合成的声音库

Sound_Play 软件包使用 Festival TTS 库生成合成语音。首先，启动最初的 Sound_Play 节点：

```
$ roscore
$ rosrun sound_play soundplay_node.py
```

在另一个终端中，输入一些要转换为语音的文本：

```
$ rosrun sound_play say.py "Greetings Humans. Take me to your leader."
```

默认语音称为 kal_diphone，查看系统上当前安装的所有英语语音：

```
$ ls /usr/share/festival/voices/english
```

要获取所有可用的基本 Festival 声音列表，运行以下命令：

```
$ sudo apt-cache search --names-only festvox-*
```

可以安装一些附加的声音。以下是获得和使用两种声音的步骤，一种是男性，另一种是女性：

```
$ sudo apt-get install festlex-cmu
$ cd /usr/share/festival/voices/english/
$ sudo wget -c http://www.speech.cs.cmu.edu/cmu_arctic/packed/cmu_us_clb_arctic-
  0.95-release.tar.bz2
$ sudo wget -c http://www.speech.cs.cmu.edu/cmu_arctic/packed/cmu_us_bdl_arctic-
  0.95-release.tar.bz2
$ sudo tar jxf cmu_us_clb_arctic-0.95-release.tar.bz2
$ sudo tar jxf cmu_us_bdl_arctic-0.95-release.tar.bz2
$ sudo rm cmu_us_clb_arctic-0.95-release.tar.bz2
$ sudo rm cmu_us_bdl_arctic-0.95-release.tar.bz2
$ sudo ln -s cmu_us_clb_arctic cmu_us_clb_arctic_clunits
$ sudo ln -s cmu_us_bdl_arctic cmu_us_bdl_arctic_clunits
```

可以按以下方式测试这两种声音：

```
$ rosrun sound_play say.py "I am speaking with a female C M U voice" voice_cmu_us_
  clb_arctic_clunits
$ rosrun sound_play say.py "I am speaking with a male C M U voice" voice_cmu_us_
  bdl_arctic_clunits
```

注意：如果第一次尝试时没有听到提示短语，请重复该命令。另外，请记住，soundplay_node 节点必须已经在另一个终端中运行。

10.3.3　利用在线工具建立语言模型

1. 创建一个语料库
语料库包含了需要识别的语音的文字集合，一般为句子、短语或词。

在一个 txt 文件中输入需要识别的语音文字，例如：

```
stop
forward
backward
turn right
turn left
```

保存后退出，一个简单的语料库就创建完成了。

2. 利用在线工具 LMTool 建立语言模型
进入 http://www.speech.cs.cmu.edu/tools/lmtool-new.html，在页面中的"Upload a sentence corpus file"处将前面创建的语料库 txt 文件上传，生成字典文件 *.dic 和语言模型文件 *.lm。例如，生成 TAR3620.tar.gz，对其进行解压：

```
$ tar xzf TAR3620.tar.gz
```

其中，真正有用的是 .dic、.lm 后缀的文件。

3. 测试语音库

pocketsphinx_continuous 解码器用 -lm 选项来指定要加载的语言模型,用 -dict 来指定要加载的字典。

```
$ roscore
$ rosrun sound_play soundplay_node.py
$ pocketsphinx_continuous -inmic yes -lm 3620.lm -dict 3620.dic
```

此时,机器人能够识别语音,但是还不能根据识别结果做出反应。

4. 将语音识别的结果作为话题发送出去

为了将语音识别的结果作为话题发送出去,我们使用 socket 获取识别结果。安装的 /pocketsphinx-5prealpha/src/programs 下的 continuous.c 要用本书资源中的 10.2.3continuous.c 来替换,并用 gcc continuous.c -c 命令进行编译。

编译过程中若发现缺少 *.h 文件,则可以在 sphinxbase-5prealpha 或 pocket-sphinx-5prealpha 目录中找到该文件,并用管理员权限把它复制到 /usr/include/ 下。编译成功后,转到 /pocketsphinx-5prealpha 下:

```
$ make
$ sudo make install
```

创建名为 socket 的工程包,找到本书资源中的 10.2.3sever2topic.cpp,并进行 CMakeList.txt 配置。

在本书资源中找到 10.2.3speech_demo.py 与 10.2.3speech_demo.launch,分别放在 speech 工程包内的 src 文件夹与 launch 文件夹中;找到 10.2.3speech_demo.txt、10.2.3speech_demo.lm、10.2.3speech_demo.dic 文件,放在 speech 工程包内 config 文件夹下。为 speech_demo.py 文件赋予执行权:

```
$ cd ~/robook_ws/src/speech/src
$ chmod a+x speech_demo.py
```

运行:

```
$ cd robook_ws
$ source devel/setup.bash
$ roslaunch speech speech_demo.launch
```

在新终端运行:

```
$ pocketsphinx_continuous -inmic yes -dict /home/isi/robook_ws/src/speech/config/
  speech_demo.dic -lm /home/isi/robook_ws/src/speech/config/speech_demo.lm
```

这时,就可以根据 speech_demo.txt 进行语音交互测试,其中 speech_demo.py 文件用于对关键词识别结果进行处理,可以在该文件中进行上层修改。

10.4　在 Kenetic 上安装、测试 PocketSphinx

10.4.1　在 Kenetic 版本上安装 PocketSphinx

首先，安装基础库和组件：

```
$ sudo apt-get install ros-kinetic-audio-common libasound2 gstreamer0.10-*
gstreamer1.0-pocketsphinx
```

从 https://packages.debian.org/jessie/libsphinxbase1 中，下载 libsphinxbase1_0.8-6_amd64.deb，安装基础共享库。

```
$ sudo dpkg -i libsphinxbase1_0.8-6_amd64.deb
```

从 https://packages.debian.org/jessie/libpocketsphinx1 中，下载 libpocketsphinx1_0.8-5_amd64.deb，安装前端共享库。

```
$ sudo dpkg -i libpocketsphinx1_0.8-5_amd64.deb
```

从 https://packages.debian.org/jessie/gstreamer0.10-pocketsphinx 中，下载 gstreamer0.10-pocketsphinx_0.8-5_amd64.deb，安装 gstreamer 插件。

```
$ sudo dpkg -i gstreamer0.10-pocketsphinx_0.8-5_amd64.deb
```

由于 ROS Kinetic 不支持 sudo apt-get install ros-kinetic-pocketsphinx，因此才有这么多步骤。

从 https://packages.debian.org/jessie/pocketsphinx-hmm-en-hub4wsj 中，下载美式英语声学模型 pocketsphinx-hmm-en-hub4wsj_0.8-5_all.deb，命令如下：

```
$ sudo dpkg -i pocketsphinx-hmm-en-hub4wsj_0.8-5_all.deb
```

10.4.2　PocketSphinx 语音识别的测试

在这里，我们使用 GitHub 上的开源 ROS 项目：

```
$ cd ~/robook_ws/src
$ git clone https://GitHub.com/mikeferguson/pocketsphinx
```

在我们的 robook_ws/src/ 目录下会新建一个 pocketsphinx 的文件夹，有 demo 和 node 两个子文件夹，node 中存放语言识别的程序，demo 中存放的是 ROS 调用的 launch 文件，以及 .dic 的词库和 .lm 的语言模型。将 hub4wsj_sc_8k 文件夹复制到 pocketsphinx 文件夹下，里面包含训练好的声学模型。

我们接下来对 robook_ws/src/pocketsphinx/node/ 下的 recognizer.py 进行更改：

```
def __init__(self):
        # Start node
        rospy.init_node("recognizer")
        self._device_name_param = "~mic_name"  # Find the name of your microphone
```

```
              by typing pacmd list-sources in the terminal
        self._lm_param = "~lm"
        self._dic_param = "~dict"
        self._hmm_param = "~hmm"          # 添加 hmm 参数

    def start_recognizer(self):
        rospy.loginfo("Starting recognizer... ")
        self.pipeline = gst.parse_launch(self.launch_config)
        self.asr = self.pipeline.get_by_name('asr')
        self.asr.connect('partial_result', self.asr_partial_result)
        self.asr.connect('result', self.asr_result)
        #self.asr.set_property('configured', True)     # 屏蔽
        self.asr.set_property('dsratio', 1)

        # Configure language model
        if rospy.has_param(self._lm_param):
            lm = rospy.get_param(self._lm_param)
        else:
            rospy.logerr('Recognizer not started. Please specify a language model
                file.')
            return
        if rospy.has_param(self._dic_param):
            dic = rospy.get_param(self._dic_param)
        else:
            rospy.logerr('Recognizer not started. Please specify a dictionary.')
            return
        # 从 launch 文件中, 获取 hmm 参数
        if rospy.has_param(self._hmm_param):
            hmm = rospy.get_param(self._hmm_param)
        else:
            rospy.logerr('Recognizer not started. Please specify a hmm.')
            return
        self.asr.set_property('lm', lm)
        self.asr.set_property('dict', dic)
        self.asr.set_property('hmm', hmm)     # 设置 hmm 参数
        self.bus = self.pipeline.get_bus()
        self.bus.add_signal_watch()
        self.bus_id = self.bus.connect('message::application', self.application_
            message)
        self.pipeline.set_state(gst.STATE_PLAYING)
        self.started = True
```

同时，我们还要修改 demo 下的 launch 文件，将 robocup.launch 修改为以下内容：

```
<launch>

  <node name="recognizer" pkg="pocketsphinx" type="recognizer.py" output="screen">
    <param name="lm" value="$(find pocketsphinx)/demo/robocup.lm"/>
    <param name="dict" value="$(find pocketsphinx)/demo/robocup.dic"/>
```

```
    <param name="hmm" value="$(find pocketsphinx)/hub4wsj_sc_8k/model/en-us"/>
  </node>
</launch>
```

修改好程序后，我们回到 robook_ws 目录的 catkin_make 下，之后在一个端口运行：

```
$ roslaunch pocketsphinx robocup.launch
```

在另一个端口查看识别结果：

```
$ rostopic echo /recognizer/output
```

这里只能识别 launch 文件中传入词典 (.dic) 的词。

识别结果如图 10-5 所示。

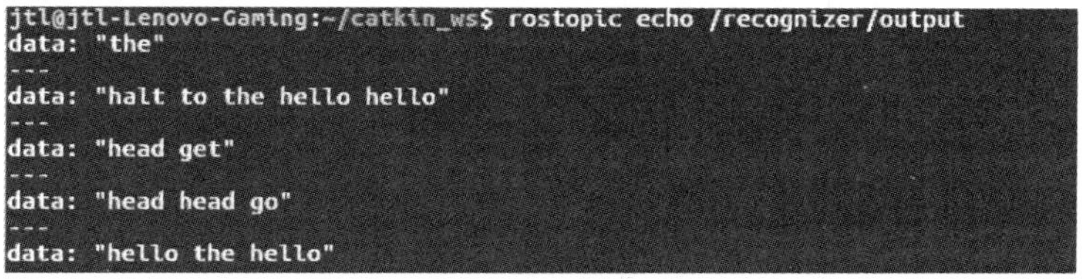

图 10-5　语音识别结果

1. 语音控制导航

可以在虚拟器 ArbotiX 中使用语音控制。我们选用 GitHub 上开源软件包进行测试 (https://github.com/pirobot/rbx1)。

首先，我们运行虚拟机器人：

```
$ roslaunch rbx1_bringup fake_pi_robot.launch
```

接下来，打开 rviz，使用虚拟器配置文件作为参数：

```
$ rosrun rviz rviz -d `rospack find rbx1_nav`/sim.rviz
```

在运行语音识别脚本之前，在"系统设置"→"声音"中选择正确的输入设备，运行 voice_nav_commands.launch 和 turtlebot_voice_nav.launch 文件：

```
$ roslaunch rbx1_speech voice_nav_commands.launch
```

在另一个终端中运行以下命令：

```
$ roslaunch rbx1_speech turtlebot_voice_nav.launch
```

这时，我们可以尝试说出命令词，通过语音控制虚拟机器人进行移动，如图 10-6 所示。

2. 文字转语音

这时，机器人已经能够识别我们所说的话了。接下来，我们考虑让机器人也对我们说话的问题。Festival 系统与 ROS sound_play 包配合可以完成文字转语音（Text-to-speech，TTS）的功能，即语音合成。同样地，我们要先安装 Festival 的软件包（如果已经实现了 PocketSphinx 的语音识别，那么你已经安装了对应的软件包）。

```
$ sudo apt-get install ros-kinetic-audio-common
$ sudo apt-get install libasound2
```

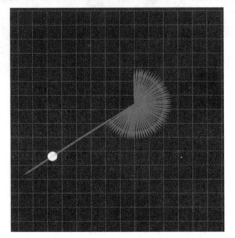

图 10-6 语音命令识别结果

sound_play 包使用 Festival TTS library 生成混合的语音，我们先测试默认的语音系统。首先，启动基本的 sound_play 节点：

```
$ rosrun sound_play soundplay_node.py
```

在另外一个终端输入想要转化成语音的文字。当然，Festival 系统还提供了其他语音样式，这里不做展开介绍。

```
$ rosrun sound_play say.py "Greetings Humans. Take me to your leader."
```

也可以使用 sound_play 来播放波形文件或者自带的声音。例如，要播放位于 rbx1_speech/sounds 的波形文件 R2D2，使用以下命令：

```
$ rosrun sound_play play `rospack find rbx1_speech`/sounds/R2D2a.wavjj
```

为了在 ROS 节点中完成文字转语音，我们使用 rbx1_speech 包中的 talkback. launch 文件：

```
$ roslaunch rbx1_speech talkback.launch
```

启动文件首先运行 PocketSphinx 识别器节点并载入导航词句，sound_play 节点被允许，然后运行 talkback.py 脚本。现在，试着说一个语音导航命令，例如"move forward"，这时就会听到文字转语音程序输出命令词的声音。

总结一下，本章首先介绍了语音识别需要的硬件和 PocketSphinx 语音识别系统，以及在 Indigo 版本下 PocketSphinx 的安装与测试，并通过 ROS 话题发布语音识别结果，以控制机器人执行相应的任务。最后，对使用 ROS Kenetic 时 PocketSphinx 的安装方式进行了说明。语音识别与交互功能是智能服务机器人中的重要技术，可以配合辅助机器人的导航功能、视觉功能、机械臂操作功能的实现，需要认真掌握。

习题

1. 编写程序，用语音给机器人发出"前进""后退""左转""右转"等指令，要求机器人能复述指令，并按指令运动。
2. 编写程序，结合机器人的视觉功能，设计用语音控制机器人调用摄像头实现拍照的功能，用语音给机器人发出"拍照"的指令，机器人接收指令，并用摄像头拍照。

CHAPTER II

第 **11** 章

机器人机械臂抓取功能的实现

智能服务机器人往往要帮助主人抓取、传递和运送物品，这需要配备相应的机械臂才能实现。本书的机器人使用 Turtlebot-Arm 作为机械臂。本章将从该机械臂的硬件组装、运动学分析、舵机 ID 设置等基础知识开始一步步指导读者如何使用 USB2Dynamixel 控制 Turtlebot-Arm 机械臂，然后详细介绍如何在 ROS 下安装、测试 dynamixel_motor 软件包，并实现机械臂抓取功能。本章是后面一章中实现机器人抓取物体的基础，需要认真理解并掌握。

11.1 机械臂硬件的组成

本书中的机器人使用 Turtlebot-Arm 作为其机械臂，如图 11-1 所示。该款机械臂由 5 个 Dynamixel AX-12A 舵机构成，其中末端 5 号舵机为抓取舵机，机械臂由 USB2Dynamixel 控制板（如图 11-2 所示）控制。

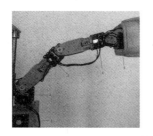

图 11-1　Turtlebot-Arm 实体　　　　　　图 11-2　USB2Dynamixel 控制板

关于机械臂，可参考以下资源。

❏ USB2Dynamixel 的详细介绍可以参考：http://support.robotis.com/en/product/auxdevice/interface/usb2dxl_manual.htm。

❏ Turtlebot-Arm 的软件源的介绍可以参考：http://wiki.ros.org/turtlebot_arm。

❏ 机械臂的开源硬件设计组装可以参考：https://makezine.com/projects/build-an-arm-for-your-turtlebot/。

❏ 如果使用 ArbotiX 所提供的控制器，Turtlebot-Arm 机械臂安装软件可参考：http://wiki.ros.org/turtlebot_arm/Tutorials/indigo/Installation。

❑ 如果使用 ArbotiX 所提供的控制器，机械臂舵机 ID 设置可以参考：http://wiki.ros.org/turtlebot_arm/Tutorials/SettingUpServos。

❑ 舵机 ID 设置可以参考：http://wiki.ros.org/dynamixel_controllers/Tutorials/SettingUpDynamixel。舵机 ID 设置也可以参考接下来的 11.3 节。

11.2 机械臂运动学分析

机械臂抓取物品涉及正逆运动学问题。根据机械臂的组成不同，运动学控制也有所不同，但是运动学的分析大同小异。本书中使用的机械臂的坐标系如图 11-3 所示。在本书中，$a_2 = a_3$，为确保稳定抓取，应使机械臂的 a_4 关节在抓取状态为水平。设物体相对于机械臂极坐标系的坐标为 $(p.x, p.y, p.z)$，认为 $h = p.z$。

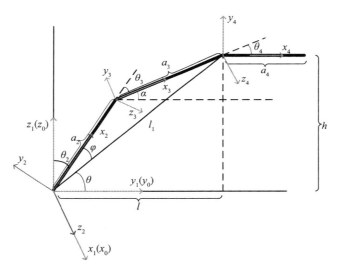

图 11-3 机械臂坐标系

利用几何法求解，根据机械臂坐标系可得到以下公式：

$$
\begin{cases}
l = \sqrt{p.x^2 + p.y^2} - a_4 \\
a_2 \cos\theta_2 + a_3 \cos\theta_3 = l \\
a_2 \sin\theta_2 + a_3 \sin\theta_3 = p.z \\
l_1 = \sqrt{l^2 + p.z^2} \\
\cos\varphi = \dfrac{l_1^2 + a_2^2 - a_3^2}{2a_2 l_1} \\
\theta_1 = -\arctan(p.x, p.y) \\
\theta_2 + \theta_3 + \theta_4 = 90° \\
\theta_2 = 90° - \arctan\dfrac{p.z}{l} - \varphi
\end{cases}
\quad (11.1)
$$

各关节角度公式如下

$$
\begin{cases}
\theta_1 = -\arctan(p.x, p.y) \\
\theta_2 = 90° - \arctan\dfrac{p.z}{l} - \varphi \\
\theta_4 = \theta_2 - \arccos\left(\dfrac{l^2 + p.z^2}{2a_2a_3} - 1\right) \\
\theta_3 = 90° - \theta_2 - \theta_4
\end{cases}
\tag{11.2}
$$

由以上各式可得舵机需要转动的角度 $\theta_1,\theta_2,\theta_3,\theta_4$，$\theta_5$ 为抓手的抓握角度。用户可以根据需要对 θ_5 进行调整，一般 $\theta_5 = 0.2 \sim 0.3$ 弧度。

11.3　机械臂舵机 ID 的设置

机械臂的每个 Dynamixel AX-12A 舵机的默认 ID 为 1，在控制机械臂之前要对舵机的 ID 进行设置。

本节将介绍一种在 Windows 下使用 ROBOPLUS 软件、利用 USB2Dynamixel 修改舵机 ID 的方法。相关的准备如下：

- ❏ 系统：Windows。
- ❏ 软件：ROBOPLUS 官方软件。
- ❏ 硬件：USB2Dynamixel 串口模块、SMPS2Dynamixel 电源模块、12V5A 适配器、AX-12A 舵机（或其他型号舵机）。
- ❏ 从官方网址下载 RoboPlus（根据系统选择），地址为 http://en.robotis.com/service/downloadpage.php?ca_id=1080；或者使用本书附件中的 RoboPlusWeb(v1.1.3.0).exe，并安装好。

将 USB2Dynamixel 串口模块插入电脑 USB 口，USB2Dynamixel 串口模块的驱动会自动安装。按照图 11-4 进行硬件连接。

注意： 要先确认 USB2Dynamixel 控制器侧边的微动开关已经被移动到正确的设置。对于 3 针的 AX-12、AX-18 或者新的 T 系列伺服机（例如 MX-28T），需要设置好 TTL。对于 4 针或者 R 系列伺服机（例如 MX-28R、RX-28、EX-106+），需要设置 RS-485。一旦正确完成连接，控制器上红色的 LED 灯将会点亮。

打开电脑"设备管理器"，查看 USB2Dynamixel 串口模块的串口号，如图 11-5 所示。

再打开 RoboPlus，选择"专家版"下的"Dynamixel Wizard"，如图 11-6 所示。

在弹出的对话框里选择串口号（这里为之前查看到的 COM4），然后点击连接按钮，进行软件和 USB2Dynamixel 的连接，如图 11-7 所示。

图 11-4　舵机和控制板硬件连接图

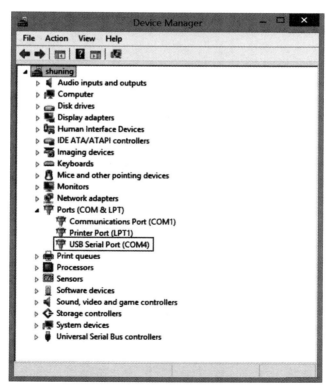

图 11-5　查看串口号

图 11-6 选择 "Dynamixel Wizard"

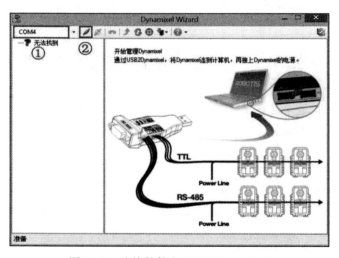

图 11-7 连接软件和 USB2Dynamixel

连接成功后, 选择波特率, 开始搜索舵机, 如图 11-8 所示。对于新舵机来说, AX 系列舵机使用的波特率一般为 1 000 000, MX 和 RX 系列使用的波特率一般为 57142。

搜索结果如图 11-9 所示, 发现检测到了 5 个舵机, ID 分别为 1、2、3、4、5。要查看某个舵机的详细信息或者修改 ID, 单击对应的舵机即可。

注意: 如果是新舵机, 舵机的 ID 一般都为 1 或者 0, 这时就不能像图 11-9 那样去修改 ID。因为舵机 ID 都是一样的, 这种方法会导致最终检测不到舵机。如果舵机都是新的, 建议先单独修改舵机 ID 后再使用。

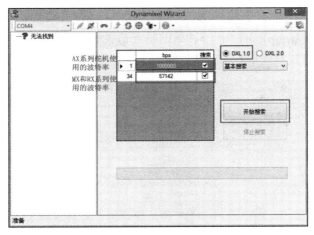

图 11-8　搜索舵机

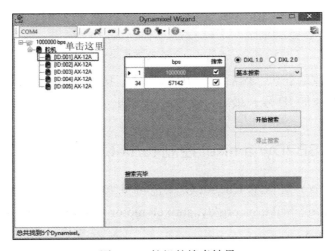

图 11-9　舵机的搜索结果

单击检测到的舵机，会显示该舵机的详细信息，如图 11-10 所示。

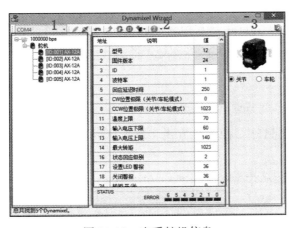

图 11-10　查看舵机信息

在上面 1 栏处，显示了舵机的波特率、ID 号、舵机型号；在 2 栏中，显示了舵机当前的全部信息；在 3 栏中，显示的是舵机的模式。

现在来看看怎样修改舵机 ID 号。如图 11-11 所示。

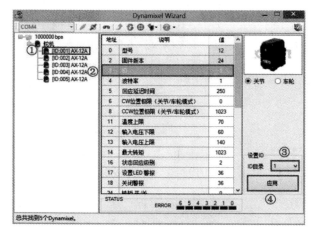

图 11-11　修改舵机号

先选中要修改的舵机，然后选中 ID 号一栏，接着点击下拉菜单，弹出可用 ID 号，并选中要修改的 ID 号；最后，点击应用按钮。如此，ID 号修改完毕。

11.4　使用 USB2Dynamixel 控制 turtlebotArm

USB2Dynamixel 对应的 Ubuntu 软件包可从 ROS Ubuntu 软件包存储库中获得。可以参考 http://wiki.ros.org/dynamixel_motor 和 http://wiki.ros.org/dynamixel_controllers/Tutorials。

11.4.1　安装、测试 dynamixel_motor 软件包

1. 安装软件包

要安装 dynamixel_motor 及其包含的软件包，只需运行以下命令：

```
$ sudo apt-get install ros-%ROS_DISTRO%-dynamixel-motor
```

例如：

```
sudo apt-get install ros-indigo-dynamixel-motor
```

但是，我们常用另外一种安装方式。首先拷贝程序文件：

```
$ cd ~/robook_ws/src
$ git clone https://github.com/arebgun/dynamixel_motor.git
```

然后编译文件：

```
$ cd ~/robook _ws
```

```
$ catkin_make
```

创建自己的机械臂工程包：

```
$ cd ~/robook_ws/src
$ catkin_create_pkg ch11_dynamixel dynamixel_controllers std_msgs rospy roscpp
```

2. 测试硬件连接

按照 11.2 节给出的连接硬件图进行连接。假设 USB2Dynamixel 连接到 /dev/
ttyusb0 串行端口。可以通过输入以下命令查看 USB2Dynamixel 连接到哪个 USB
端口：

```
$ ls /dev/ttyUSB*
```

正常情况下，你会看到下面这样的输出：

```
/dev/ttyUSB0
```

如果你看到如下所示的消息：

```
ls: cannot access /dev/ttyusb* No such file or directory
```

那么你的 USB2Dynamixel 没有被识别出来。这时，尝试将它插入不同的 USB 端口
中，使用不同的连接线，或者检查你的 USB 集线器。如果没有连接其他的 USB 设
备，那么 USB2Dynamixel 将会位于目录 /dev/ttyUSB0 下。如果同时需要连接其他
USB 设备，首先插入 USB2Dynamixel，这样它才能被分配到设备 /dev/tyUSB0。

如果还有其他问题，应查看是否需要将用户账户添加到拨出组，以及是否需要
将 USB 端口设置为可写。有时会有以下错误：

```
could not open port /dev/ttyUSB0: [Errno 13] Permission denied: /dev/ttyUSB0
```

这时需要运行以下命令：

```
$ sudo dmesg -c
$ sudo chmod 666 /dev/ttyUSB0
```

3. 启动控制器管理器

我们需要启动控制器管理器，以指定的速率连接到舵机并发布原始反馈数据
（例如当前位置、目标位置、错误等）。最简单的方法是编写一个 launch 文件，该文
件将设置所有必要的参数。需要复制以下文本并将其粘贴到 ~/robook_ws/src/ch11_
dynamixel/launch/ controller_manager.launch 文件中。

```
<!-- -*- mode: XML -*- -->

<launch>
    <node name="dynamixel_manager" pkg="dynamixel_controllers" type="controller_
    manager.py" required="true" output="screen">
        <rosparam>
            namespace: dxl_manager
```

```
            serial_ports:
                pan_tilt_port:
                    port_name: "/dev/ttyUSB0"
                    baud_rate: 1000000
                    min_motor_id: 1
                    max_motor_id: 25
                    update_rate: 20
            </rosparam>
        </node>
    </launch>
```

注意： 应确保正确设置波特率。这里使用的是 AX-12 舵机，波特率为 1000000。如果使用的是 RX-28 舵机，则应将其设置为 57142。

如果 USB2Dynamixel 分配到设备 /dev/tty USB1 上，以上 dev/tty USB0 都要修改为 dev/tty USB1。

运行 controller_manager.launch：

```
$ cd robook_ws
$ source devel/setup.bash
$ roslaunch ch11_dynamixel controller_manager.launch
```

ID 搜索默认从 1 ～ 25。若查找不到，可以更改 controller_manager.launch 扩大 ID 搜索范围。

现在，控制器管理器正在发布关于 /motor_states/pan_tilt_port 的话题。首先，检查一下话题是否存在：

```
$ rostopic list
```

输出应类似于以下所示：

```
/motor_states/pan_tilt_port
/rosout
/rosout_agg
```

4. 指定控制器参数

首先，我们需要创建一个配置文件，其中包含控制器所需的所有参数。将以下文本粘贴到 tilt.yaml 文件中，可以将文件放在 ch11_dynamixel 工程包下的 config 文件夹里：

```
tilt_controller:
    controller:
        package: dynamixel_controllers
        module: joint_position_controller
        type: JointPositionController
    joint_name: tilt_joint
    joint_speed: 1.17
```

```
motor:
    id: 1
    init: 512
    min: 0
    max: 1023
```

注意： 应确保 motor ID 与使用的舵机 ID 匹配。motor 部分有四个参数：id、init、min 和 max。

- id 参数要与使用的舵机 ID 一样。
- init 参数有 512 个值，它在 0～1023 之间变化。此参数与关节的初始位置有关。由于全旋转为 360°，设置 init: 512 将使舵机的初始状态与原始参考 0 保持 120°。
- min 参数是舵机可以做的最小旋转，它遵循与 init 参数相同的规则。
- max 参数是舵机可以做的最大旋转，它也遵循与前面参数相同的规则。

5. 创建 launch 文件

接下来，我们需要创建一个 launch 文件，将控制器参数加载到参数服务器并启动控制器。将以下文本粘贴到 start_tilt_controller.launch 文件中：

```
<launch>
    <!-- Start tilt joint controller -->
    <rosparam file="$(find my_dynamixel_tutorial)/tilt.yaml" command="load"/>
    <node name="tilt_controller_spawner" pkg="dynamixel_controllers"
      type="controller_spawner.py"
        args="--manager=dxl_manager
              --port pan_tilt_port
              tilt_controller"
        output="screen"/>
</launch>
```

6. 启动控制器

启动控制器会运行上述建立的文件。我们首先启动控制器管理器节点，按前面第 3 步的方法，输入如下命令：

```
$ cd robook_ws
$ source devel/setup.bash
$ roslaunch ch11_dynamixel controller_manager.launch
```

控制器管理器启动并运行后，我们可以加载控制器：

```
$ cd robook_ws
$ source devel/setup.bash
$ roslaunch ch11_dynamixel start_tilt_controller.launch
```

输出类似于下面的显示。如果一切正常启动，将在终端看到 "Controller tilt_

controller successfully started"。

```
process[tilt_controller_spawner-1]: started with pid [4567]
[INFO] 1295304638.205076: ttyUSB0 controller_spawner: waiting for controller_
    manager to startup in global namespace...
[INFO] 1295304638.217088: ttyUSB0 controller_spawner: All services are up, spawning
    controllers...
[INFO] 1295304638.345325: Controller tilt_controller successfully started.
[tilt_controller_spawner-1] process has finished cleanly.
```

接下来，我们列出 Dynamixel 控制器提供的话题和服务：

```
$ rostopic list
```

相关话题如下：

```
/motor_states/ttyUSB0
/tilt_controller/command
/tilt_controller/state
```

/tilt_controller/command 话题需要一个 std_msgs/float64 类型的消息，用于设置关节角度。

/tilt_controller/state 话题提供舵机的当前状态，消息类型为 dynamixel_msgs/JointState。

相关服务如下：

```
/restart_controller/ttyUSB0
/start_controller/ttyUSB0
/stop_controller/ttyUSB0
/tilt_controller/set_compliance_margin
/tilt_controller/set_compliance_punch
/tilt_controller/set_compliance_slope
/tilt_controller/set_speed
/tilt_controller/set_torque_limit
/tilt_controller/torque_enable
```

这里提供一些改变舵机参数的服务，如速度、电机扭矩极限、柔度等。

7. 控制舵机转动

要使舵机转动，我们需要发布所需的角度到 /tilt_controller/command 话题，如下所示：

```
$ rostopic pub -1 /tilt_controller/command std_msgs/Float64 -- 1.5
```

这时可以看到舵机转动 1.5 弧度。

11.4.2　机械臂抓取功能的实现

机械臂多用于抓取，除了上一节中介绍的基础内容，机械臂部分还涉及逆运动学的内容，并且要结合视觉等其他功能，接下来将一步步讲解。

1. 指定控制器参数

首先，我们需要创建一个配置文件，其中包含控制器需要的所有参数。将以下文本粘贴到 joints.yaml 文件中，可以将该文件保存在 ch11_dynamixel 工程包下的 config 文件夹里：

```
joints: ['arm_shoulder_pan_joint', 'arm_shoulder_lift_joint', 'arm_elbow_flex_
    joint', 'arm_wrist_flex_joint', 'gripper_joint']

arm_shoulder_pan_joint:
    controller:
        package: dynamixel_controllers
        module: joint_position_controller
        type: JointPositionController
    joint_name: arm_shoulder_pan_joint
    joint_speed: 0.75
    motor:
        id: 1
        init: 512
        min: 0
        max: 1024

arm_shoulder_lift_joint:
    controller:
        package: dynamixel_controllers
        module: joint_position_controller
        type: JointPositionController
    joint_name: arm_shoulder_lift_joint
    joint_speed: 0.75
    motor:
        id: 2
        init: 512
        min: 0
        max: 1024

arm_elbow_flex_joint:
    controller:
        package: dynamixel_controllers
        module: joint_position_controller
        type: JointPositionController
    joint_name: arm_elbow_flex_joint
    joint_speed: 0.75
    motor:
        id: 3
        init: 512
        min: 0
        max: 1024

arm_wrist_flex_joint:
    controller:
```

```
        package: dynamixel_controllers
        module: joint_position_controller
        type: JointPositionController
    joint_name: arm_wrist_flex_joint
    joint_speed: 0.75
    motor:
        id: 4
        init: 512
        min: 0
        max: 1024

gripper_joint:
    controller:
        package: dynamixel_controllers
        module: joint_position_controller
        type: JointPositionController
    joint_name: gripper_joint
    joint_speed: 0.35
    motor:
        id: 5
        init: 512
        min: 0
        max: 1024
```

注意: 要确保每个 motor ID 与使用的舵机 ID 匹配,并且舵机都在串联模式下工作。

2. 逆运动学控制关节角度

在 ch11_dynamixel 工程包下的 src 文件夹里创建 arm_grasp.py 文件,将本书资源中的 11.4.2arm_grasp.py 的内容拷贝到该文件,并保存。注意,要为该文件赋予执行权:

```
$ cd ~/robook_ws/src/ch11_dynamixel/src
$ chmod a+x arm_grasp.py
```

文件中逆运动学运算的相关代码如下:

```
### 逆运动学运算
# calculate new joint angles
self.theta1 = - math.atan2(self.x,self.y) + 0.15
#because the arm changed to the new one,"+ 0.05 changed to "-0.05"
self.l = math.hypot(self.x,self.y) - self.a4
self.l1 = math.hypot(self.l,self.z)
print self.l1
self.cosfai = self.l1 / (2 * self.a2)
rospy.loginfo("cosfai is ....") #print x coordinate
print self.cosfai
if  self.cosfai > 1:
    self.cosfai = 1
self.fai = math.acos(self.cosfai)
```

```
self.theta = math.atan2(self.z,self.l)
self.theta2 = math.pi / 2 - self.theta - self.fai
self.theta4 = self.theta - self.fai
self.theta3 = 2 * self.fai
#self.theta4 = self.theta2 - math.acos(self.l1 ** 2 / (2 * self.a2 * self.a3) - 1 )
#self.theta3 = math.pi / 2 - self.theta2 - self.theta4
```

3. 创建 launch 文件

接下来，我们需要创建一个 launch 文件，将控制器参数加载到参数服务器并启动控制器。将以下文本粘贴到 arm_grasp.launch 文件中：

```
<launch>

  <node name="dynamixel_manager" pkg="dynamixel_controllers" type="controller_
    manager.py" required="true" output="screen">
    <rosparam>
          namespace: dxl_manager
          serial_ports:
              servo_joints_port:
                  port_name: "/dev/ttyUSB0"
                  baud_rate: 1000000
                  min_motor_id: 1
                  max_motor_id: 5
                  update_rate: 20
      </rosparam>
  </node>

  <rosparam file="$(find ch11_dynamixel)/config/joints.yaml" command="load"/>

  <node name="controller_spawner" pkg="dynamixel_controllers" type="controller_
    spawner.py"
      args="--manager=dxl_manager
              --port servo_joints_port
              arm_shoulder_pan_joint
              arm_shoulder_lift_joint
              arm_elbow_flex_joint
              arm_wrist_flex_joint
              gripper_joint"
      output="screen"/>
  <node name="arm_grasp" pkg="ch11_dynamixel" type="arm_grasp.py" output="screen"/>

</launch>
```

4. 运行

使用笔记本电脑分别连接 Turtlebot 机器人、Primesense 摄像头，用 USB2Dynamixel 控制器连接机械臂，使用 Primesense 摄像头进行物体识别与定位，通过调整机器人位置使机器人逐渐移动到机械臂的工作空间，以便实现机械臂对物体的抓取。

物体识别与定位参考 7.3.3 节，代码如下：

```
$ cd robook_ws
$ catkin_make# 第一次运行前要编译
$ source devel/setup.bash
$ roslaunch imgpcl objDetect.launch
```

机械臂控制的代码如下：

```
$ cd robook_ws
$ source devel/setup.bash
$ sudo dmesg -c
$ sudo chmod 666 /dev/ttyUSB0
$ roslaunch ch11_dynamixel arm_grasp.launch
```

通过话题发布识别目标物体名字，代码如下：

```
$ rostopic pub objName std_msgs/String -- potatoChips
```

运行成功后，机械臂就能够对目标物品进行抓取了。

习题

编程控制机器人抓取桌子上的矿泉水瓶。

第三部分

机器人的应用

本书设计的智能家庭服务机器人具有多种功能，虽然其各项功能能够单独、稳定实现，但还远远不能应对家居环境与家庭生活的复杂性，各功能需要相互配合才能提供更友好、更智能的服务。为展示机器人的综合性能，我们设计了 3 个家居环境中的综合案例，分别实现长命令识别与多任务执行、跟随与协助主人、顾客挥手示意机器人点餐等功能。

为了模拟真实的家居环境，本书利用实验室和走廊搭建了一个家居环境，并布置了一些家具，例如桌子、沙发、茶几等。我们尽量模拟真实的家居环境，并在这个环境下测试机器人的各项性能。通过这一部分的学习，读者可以了解如何综合运用前面介绍的自主导航、视觉识别和语音识别等功能实现一个完整的智能服务机器人。通过这些案例，读者也可以对前面所学的知识进行完整的梳理，并加以深入理解。

需要说明的是，本部分的程序是在 Ubuntu 14.04、Indigo 版本上实现的，我们不对程序代码加以详细说明，可在本书资源中查看程序。

第12章

机器人综合应用案例一：
长命令识别与多任务执行

智能服务机器人的基本能力之一是和主人交互，识别主人的命令，并按命令执行相应的任务。最自然的交互方式是主人按自然语言习惯发出明确的指令，机器人理解指令并正确执行。通常，一条完整的语言指令包括地点、物体、颜色、人物等信息，这些信息组合成一个长语音命令。机器人通过语音识别技术把这个长语音命令分解成可理解的关键词，并建立相应关键词对应的多个子任务，然后按照任务顺序执行，最终完成用户的整个指令。

12.1 案例目标

本案例将让家庭服务机器人完成一个家庭生活中的常见任务，任务目标是：机器人识别用户下达的语音指令，随后按要求到某地取回所需物品。具体流程是：用户给机器人下达语音指令，让它执行到某地取某物的任务。此时，机器人要准确识别用户的命令，分析出语音指令中要求的目的地和要取的物品，自动导航到目的地附近，使用机械臂抓取物品。该任务主要用到机器人语音识别、自主导航避障、物体识别与抓取等功能。

接下来以一个实例进行分析。用户发出的语音指令为"Kamerider, go to the table find green tea and give it to the person in the sofa"。这里，"Kamerider"是本书设计的服务机器人的名字。首先，机器人要对用户的语音指令加以识别，分析出目的地"table""sofa"和物品"green tea"，随后，机器人自主导航到"table"处，并在这里启动它的图像处理功能和机械臂抓取功能（视觉伺服），同时检测物体的数量。机器人成功抓取到物体（"green tea"）后，再次导航前往另一个地点（"sofa"处）。至此，本案例的基本任务已完成，但是我们还可以完善设计，让它能够完成一系列更高阶的任务：到达"sofa"后，可以再次通过语音对机器人进行控制，如识别出指令"Kamerider, Okay"后放下物品；可以通过语音问答与机器人进行交流，比如询问检测到的物体数量。整个工作流程大致如图 12-1 所示。

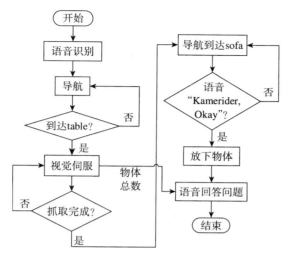

图 12-1　案例流程图

下面将从语音识别、自主导航、物体识别与抓取几个方面分析该实例。

12.2　语音识别任务

要让家庭服务机器人听从用户的命令，首先要根据机器人的任务事先建立词库，如 Kamerider、sofa、in-the-sofa、table、to-the-table、shelf、to-the-shegreen-tea、potato-chips、cola、okay、how-many、person、time、how-old、question。其中，地点名词有 sofa、table、shelf，物体名词有 green-tea、potato-chips、cola。机器人应从识别到的命令中提取关键词，将关键词对应到不同的任务，并将关键词发到相应话题。当机器人听到命令"Kamerider, go to the table find the green tea and give it to the person in the sofa"时，需要提取出"table""green-tea""person""sofa"等关键词，发送到相应话题上。导航部分将会订阅话题，得到将要去的地点关键词"table"和"sofa"；图像部分会得知将要识别的物体为"green-tea"；机械臂部分会得知将要抓取的物体是"green-tea"；抓取完成后导航系统前往第二个地点"sofa"；识别到"Kamerider"和"Okay"后，机械臂放下物体。

语音识别的分析框图如图 12-2 所示。

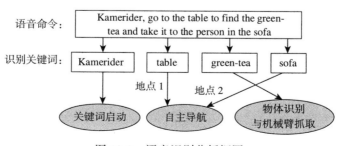

图 12-2　语音识别分析框图

12.3　在家居环境中自主导航

要让家庭服务机器人给用户提供良好的服务，必须使机器人熟悉整个家庭环境，所以首先需要建立家庭环境的地图，机器人才能在已知地图上进行自主导航。参照 8.5 节的内容，建立家居环境的地图，控制机器人在家居环境中移动。图 12-3 展示了模拟家居环境的地图，并在图中标注出了沙发、茶几等家具。

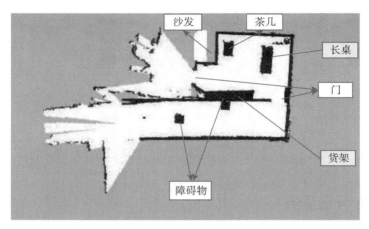

图 12-3　模拟家居环境的地图

在实际应用中，机器人应能顺利避开导航过程中出现的各种障碍，这样才能更好地服务于人。在本例中，为了测试机器人的避障功能，除了各种家居障碍，我们还在机器人的前行道路上添加了两个障碍物，并测试了其对动态障碍物的避障能力（有人突然出现在机器人面前时，机器人能顺利避开）。结果显示，机器人具有良好的自主导航、自主避障、自主规划路径等功能。图 12-4a 中的机器人在规划路径时能够避开障碍物，而不会冲撞到障碍物；图 12-4b 中的机器人能够顺利地通过狭窄的门口，这得益于导航中一些参数的设置；图 12-4c 中的机器人到达了 "table" 的位置并停下来，准备抓取物品；图 12-4d 中的机器人在抓取物品后导航至 "sofa"处，将物品 "green tea" 交给用户。

a）躲避障碍物

b）顺利经过狭窄门口

图 12-4　机器人自主导航、避障、规划路径过程

c）到达"table"位置　　　　　　　　　d）到达"sofa"位置

图 12-4　（续）

12.4　物体识别与抓取

当机器人接收到抓取命令并识别出要抓取物体的信息后，Primesense RGBD 视觉传感器采集环境的彩色信息和深度信息，使用基于 Hue 直方图的滑动窗口模板匹配的方法检测出物体在彩色图像中的 2D 位置，再根据 2D 位置得到物体对应的空间 3D 位置，根据物体 3D 位置判断物体是否在机械臂抓取范围内。当物体在机械臂工作空间之外时，机器人根据物体相对于机器人的位置进行微调，再重复图像识别与定位过程，直到物体位于机械臂的工作空间内，机械臂根据物体的 3D 位置进行逆运动学抓取。机器人识别和抓取物体的过程如图 12-5 所示。

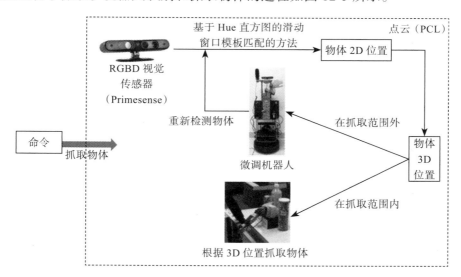

图 12-5　视觉伺服抓取物体的过程

习题

设计不同物体和场景，测试不同房间布局下机器人的导航和抓取成功率。

CHAPTER 13

第 **13** 章

机器人综合应用案例二：跟随与协助用户

除了能在室内准确识别用户的语音指令之外，服务机器人还需要准确识别出自己的用户，跟随在用户身边，随时响应召唤。跟随主人到室外相对陌生的环境后，还需要具备自主导航回到室内执行任务的能力。这就对机器人的人脸识别能力、跟踪能力和导航能力提出了更高的要求。

13.1 案例目标

为了适应家居环境的复杂性和家庭生活的复杂性，本书设计了一项"跟随并帮助用户搬运货物"的任务。该任务主要实现机器人对用户的人脸识别、语音识别、跟踪、自主导航等功能。在测试过程中，机器人要首先利用人脸识别功能找到用户。在找到用户之后，准备接受用户的命令。当听到用户发出让其跟随的命令后，机器人要跟随用户到达户外，当用户命令其停止之后，机器人应停止移动，并使用机械臂抓取要携带的物品。然后，机器人根据用户的命令将物品拿到某个房间。当机器人到达目的地后，将物品放在地上，然后回到用户面前。"跟随并帮助用户搬运货物"的任务流程如图 13-1 所示。

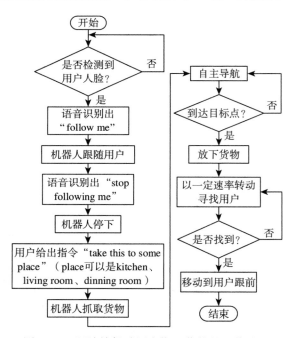

图 13-1　跟随并帮助用户搬运货物的工作流程

13.2 语音识别命令

要让家庭服务机器人听从用户的命令，首先要根据机器人的任务事先建立词库，如 Jack、Kamerider、follow-me、stop-following-me、stop-following、stop、kitchen、to-kitchen、bedroom、the-bedroom、living-room、the-living-room、dinning-room、to-the-bedroom、to-the-living-room、to-living-room、to-bedroom、take、bring。 如何建立词库以及如何进行关键词检测，请参见第 10 章。当从语音命令中检测到关键词时，要根据关键词对应到不同的任务，并将关键词发送到相应话题。在本案例中，"Jack"是语音识别的启动关键词。当机器人听到命令"Jack, follow me"后，需要提取出关键词"Jack""follow-me"。当机器人听到"Jack"时被唤醒，订阅这个唤醒话题的节点被启动并准备接受命令；当检测到"follow-me"时，机器人向跟随节点订阅的话题发布开始跟随的消息，并开始跟随。整个过程中，机器人将持续监听语音消息。当到达物品所在的地点后，机器人接受停止的命令，机器人停止动作并准备抓取货物。机械臂取到货物后，机器人从语音信息中识别出有关目标地点的关键词，并将关键词对应的目标发送到导航节点对应的话题中。机器人将继续导航过程。

13.3 跟随与自主导航

机器人跟随功能的实现参见 7.1 节，其原理是利用深度摄像头获取深度图像，用比例控制器控制机器人的移动。

为了使机器人能够准确导航到指定位置，要事先对工作环境进行建图并确定各个关键词对应的位置坐标。环境地图与目标点设置如图 13-2 所示。

目标点的选定可以通过在地图上点选位置，记录 rviz 界面中返回的坐标值实现，也可以通过将机器人移动到实际的目标位置，记录机器人所在的坐标实现。记录下所有目标点坐标后，将目标点的坐标与目标点对应的地点名称保存在文本文件中。这样，当导航节点订阅的话题接收

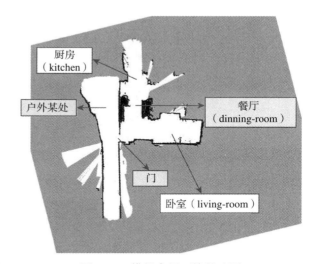

图 13-2 模拟家居环境的地图

到目标点名称时，就可以以目标点名称作为索引，在文本文件中检索对应的坐标，将此坐标作为导航目标。导航及建图等功能的实现见第 8 章。

在本例中，结果显示机器人具有良好的跟随、自主导航避障、规划路径等功能，如图 13-3 所示。

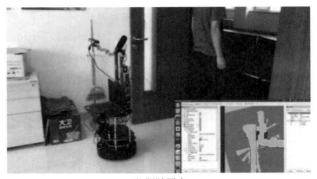

a）跟随用户

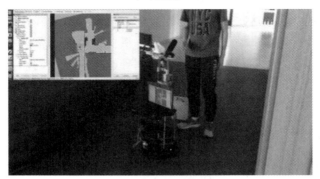

b）到达户外某位置

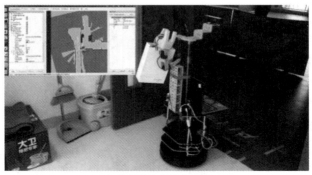

c）携带货物并自主导航

d）到达目的地

图 13-3   跟踪用户、自主导航与路径规划实现过程

13.4   检测与识别人脸

在本例中，将识别用户的人脸作为服务机器人启动方法。采用基于 Dlib 的人脸识别方法（Dlib 包的使用方法见 7.4.3 节和 7.4.4 节），实现效果很好。检测另外一个用户时，使用了基于 OpenCV 的人脸检测方法（OpenCV 的使用方法见 7.4.1 节和 7.4.2 节），效果是机器人先原地旋转。如果检测到了人脸，则停止转动并向人移动；若没有检测到人脸，则继续转动，直到机器人移动到用户跟前为止。人脸检测的结果如图 13-4 所示。

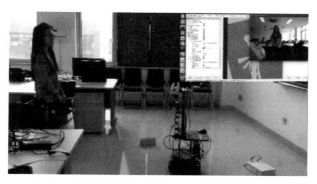

图 13-4   机器人检测人脸并向用户移动

CHAPTER 14
第 **14** 章

机器人综合应用案例三：
顾客挥手示意机器人点餐

服务机器人的工作场景十分广泛，家庭环境只是其中的一个场景。工作在公共场合的服务机器人面对着比家庭中更复杂、更陌生的环境。机器人应该能对陌生人的指令做出反应，并且要快速适应陌生的环境，这就要求机器人能够在陌生的环境中即时建图并完成导航任务，具有更加多样的交互手段，例如手势识别以及较为复杂的语音识别。

14.1 案例目标

在本章中，我们设计了一个模拟的餐厅环境，机器人要在这个陌生的环境中完成服务顾客点餐的任务。首先，机器人将转动 360°建立餐厅地图，并记录当前位置，即吧台的位置。两名顾客坐在餐桌旁，其中一名顾客招手示意开始点餐，机器人要能够识别出招手的动作，并移动到招手的顾客身旁。当顾客说出唤醒词"Jack"唤醒机器人后，机器人将聆听顾客报出的菜单。最后，机器人要按照记录的初始位置回到餐厅吧台，复述顾客的点单。整个工作流程如图 14-1 所示。

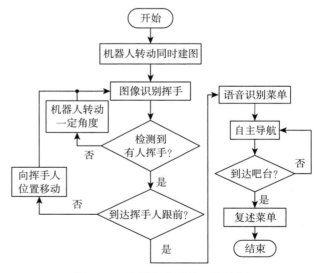

图 14-1 机器人点餐的工作流程

14.2　机器人即时建图

　　机器人在转动过程中进行即时建图，如图 14-2 所示。每幅图的左下角给出了在 rviz 中显示的地图建立过程。机器人原地旋转 360°，利用 Kinect 初步建立地图，获知周围障碍物的信息，随后记录下当前所处位置（吧台），以便随后返回吧台复述菜单。

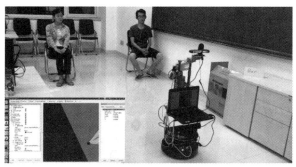

a）机器人初始位置及此时地图（左下角）

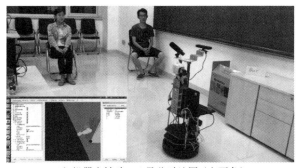

b）机器人转动 90° 及此时地图（左下角）

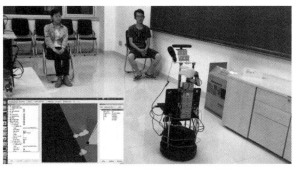

c）机器人转动 180° 及此时地图（左下角）

图 14-2　服务机器人即时建图的过程

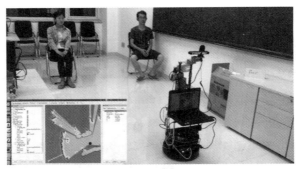

d）机器人转动 360°，地图初步建立

图 14-2 （续）

14.3 机器人识别挥手并移向挥手人

机器人识别出挥手的顾客（机器人识别挥手的实现方法参见 7.2 节）的过程如图 14-3 所示。可以利用一个简单的比例控制器，根据偏移的角度以及距离的远近控制机器人的旋转与前进，使机器人逐步移动到挥手人跟前，如图 14-4 所示。其中，左下角为人脸检测与挥手识别的界面，机器人能检测到两个人脸，但只识别出一个人挥手。

图 4-13 机器人检测到两个人脸但只识别出一个人挥手

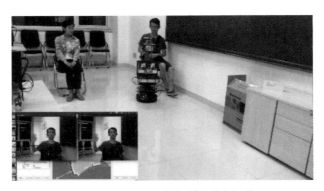

图 14-4 机器人移动到挥手人跟前

14.4　语音识别菜单

服务机器人要识别出顾客点的菜品，首先要根据菜单建立词库，词库中应包含唤醒词以及菜单中的词语，如 Jack、green-tea、cafe、iced-tea、grape-fruit-juice、strawberry-juice、potato-chips、cookie、potato-sticks。机器人从顾客的语音中提取出关键词，和菜单中的词语匹配，记录顾客的点单信息并复述、确认菜单。

14.5　自主导航回到吧台

顾客通过语音点餐成功后，机器人要根据记录的初始位置以及建立的地图回到初始点，即吧台的位置。当机器人导航至吧台后，要复述出顾客的点单。自主导航过程如图 14-5 和图 14-6 所示。

图 14-5　服务机器人自主导航的过程

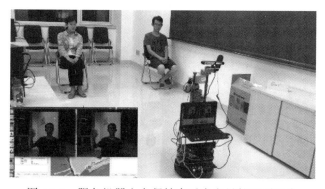

图 14-6　服务机器人点餐结束后自主导航回到吧台

推荐阅读

机器人学导论（原书第4版）

作者：[美] 约翰 J. 克雷格（John J. Craig）　译者：负超 王伟
ISBN：978-7-111-59031-6 定价：79.00元

本书是美国斯坦福大学John J.Craig教授在机器人学和机器人技术方面多年的研究和教学工作的积累，根据斯坦福大学教授"机器人学导论"课程讲义不断修订完成，是当今机器人学领域的经典之作，国内外众多高校机器人相关专业推荐用作教材。作者根据机器人学的特点，将数学、力学和控制理论等与机器人应用实践密切结合，按照刚体力学、分析力学、机构学和控制理论中的原理和定义对机器人运动学、动力学、控制和编程中的原理进行了严谨的阐述，并使用典型例题解释原理。

现代机器人学：机构、规划与控制

作者：[美] 凯文·M. 林奇（Kevin M. Lynch）[韩] 朴钟宇（Frank C.Park）　译者：于靖军 贾振中
ISBN：978-7-111-63984-8 定价：139.00元

机器人学领域两位享誉世界资深学者和知名专家撰写。以旋量理论为工具，重构现代机器人学知识体系，既直观反映机器人本质特性，又抓住学科前沿。名校教授鼎力推荐！

"弗兰克和凯文对现代机器人学做了非常清晰和详尽的诠释。"

-------哈佛大学罗杰·布罗克特教授

"现代机器人学传授了机器人学重要的见解…以一种清晰的方式让大学生们容易理解它。"

-------卡内基·梅隆大学马修·梅森教授

移动机器人学：数学基础、模型构建及实现方法

作者：[美] 阿朗佐·凯利（Alonzo Kelly）　译者：王巍 崔维娜 等
ISBN：978-7-111-63349-5 定价：159.00元

卡内基梅隆大学国家机器人工程中心(NREC)研究主任、机器人研究所阿朗佐·凯利教授力作。集合众多领域的核心领域于一体，全面讨论移动机器人领域的基本知识和关键技术。全书按照构建移动机器人的步骤来组织章节，每一章探讨一个新的主题或一项新的功能，包括数值方法、信号处理、估计和控制理论、计算机视觉和人工智能。

工业机器人系统及应用

作者：[美] 马克·R. 米勒（Mark R. Miller），雷克斯·米勒（Rex Miller）　译者：张永德 路明月 代雪松
ISBN：978-7-111-63141-5 定价：89.00元

由机器人领域的两位技术专家和资深教授联袂撰写，聚焦于工业机器人，涵盖其组成结构、电气控制及实践应用，为机器人的设计、生产、布置、操作和维护提供全流程的详细指南。

推荐阅读

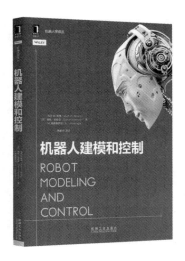

机器人建模和控制

作者：[美] 马克·W. 斯庞（Mark W. Spong） 赛斯·哈钦森（Seth Hutchinson） M. 维德雅萨加（M. Vidyasagar）
译者：贾振中 徐静 付成龙 伊强 ISBN：978-7-111-54275-9 定价：79.00元

  本书由Mark W. Spong、Seth Hutchinson和M. Vidyasagar三位机器人领域顶级专家联合编写，全面且深入地讲解了机器人的控制和力学原理。全书结构合理、推理严谨、语言精练，习题丰富，已被国外很多名校（包括伊利诺伊大学、约翰霍普金斯大学、密歇根大学、卡内基-梅隆大学、华盛顿大学、西北大学等）选作机器人方向的教材。

机器人操作中的力学原理

作者：[美] 马修·T. 梅森（Matthew T. Mason） 译者：贾振中 万伟伟
ISBN：978-7-111-58461-2 定价：59.00元

  本书是机器人领域知名专家、卡内基梅隆大学机器人研究所所长梅森教授的经典教材，卡内基梅隆大学机器人研究所（CMU-RI）核心课程的指定教材。主要讲解机器人操作的力学原理，紧抓机器人操作中的核心问题——如何移动物体，而非如何移动机械臂，使用图形化方法对带有摩擦和接触的系统进行分析，深入理解基本原理。